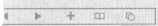

数据库开发技术
标准教程

刘畅　彭涛　编著

清華大学出版社

北京

内 容 简 介

本书基于 Java 语言介绍了数据库开发技术,引入 Hibernate ORM 框架以及 JSON 和 XML 等主流数据交换技术,用丰富的案例阐述在数据库开发以及数据交换中的基本原理、方法和技术,详细介绍了 JDBC 开发的初级和高级技术,使用 Hibernate 进行增、删、改、查等操作以及实体和联系的映射方法,并对 NoSQL 数据库和大数据进行了相关介绍。全书知识点与应用实例相结合,内容从简单到复杂,阶梯式递进,读者可以根据需要选读。

本书介绍了数据库开发技术的原理、技术及应用,注重理论联系实际,既可作为高等院校软件工程、计算机科学与技术等相关专业的本科教材,也可作为研究生相关课程的参考资料。

图书在版编目(CIP)数据

数据库开发技术标准教程 / 刘畅,彭涛编著. —北京:清华大学出版社,2019
　(清华电脑学堂)
ISBN 978-7-302-51736-8

Ⅰ. ①数… Ⅱ. ①刘… ②彭… Ⅲ. ①数据库系统－系统开发－教材 Ⅳ. ①TP311.13

中国版本图书馆 CIP 数据核字(2018)第 271361 号

责任编辑:秦　健　薛　阳
封面设计:杨玉兰
责任校对:徐俊伟
责任印制:李红英

出版发行:清华大学出版社
　　　　网　　址:http://www.tup.com.cn,　http://www.wqbook.com
　　　　地　　址:北京清华大学学研大厦 A 座　　　　邮　　编:100084
　　　　社 总 机:010-62770175　　　　　　　　　　邮　　购:010-62786544
　　　　投稿与读者服务:010-62776969, c-service@tup.tsinghua.edu.cn
　　　　质量反馈:010-62772015, zhiliang@tup.tsinghua.edu.cn

印 装 者:三河市金元印装有限公司
经　　销:全国新华书店
开　　本:185mm×260mm　　　　　印　　张:15.5　　　　字　　数:375 千字
版　　次:2019 年 2 月第 1 版　　　　印　　次:2019 年 2 月第 1 次印刷
定　　价:49.80 元

产品编号:063127-01

前 言

背景

数据库开发工程师是从事数据库管理系统（DBMS）和数据库应用软件设计研发的相关工作人员的统称，属于软件研发工程师，但又有一部分运维工作。软件研发工程师主要从事软件研发的工作，但同时也要参与数据库生产环境的问题优化和解决。数据库开发工程师与传统的数据库管理员（DBA）是不同的职位。传统的 DBA 主要属于运维职位，而数据库开发工程师则属于软件研发职位。但二者也有部分工作内容重合，比如都要跟进数据库生产环境出现的故障问题，其中，DBA 主要负责故障处理，而数据库开发工程师主要跟进系统模块出现的 bug 或性能问题。根据研发的内容不同，数据库开发工程师可以分为两大发展方向：数据库内核研发和数据库应用软件研发。其中，数据库应用软件研发主要负责设计和研发数据库管理系统衍生的各种应用软件产品，重点关注的是数据库外部应用软件产品架构的设计和实现，比如分布式数据库、数据库中间件等。

在计算机科学与技术、软件工程等本科专业的课程体系中，程序设计类课程和数据库类课程都是非常重要的课程群。程序设计类课程主要包括程序设计基础、面向对象程序设计等课程，而数据库类课程主要包括数据库系统等课程，而在专业综合实践和毕业设计等教学环节中，基于数据库系统的软件开发是学生需要具备的非常重要的核心技能之一。这也是编者编写本教材的初衷。通过本教材和相关课程的学习，读者将理解程序和数据之间的生产者/消费者关系，为相关的实践教学环节和就业奠定坚实的技术基础。

本书特色

本书不仅结合实例详细讲解了 Java 数据库开发的基础知识，同时还就 Java 数据库开发的主要应用进行了实例讲解。全书共 8 章，详细介绍了 JDBC 开发的初级和高级技术，使用 Hibernate 进行 CRUD 操作以及实体和联系的映射方法，并对 NoSQL 数据库和大数据进行了相关介绍。

全书知识点与应用实例相结合，介绍了数据库开发技术的原理、技术及应用，注重理论联系实际。本书内容从简单到复杂，阶梯式递进，读者可以根据需要选读。

读者对象

本书可作为高等院校软件工程、计算机科学与技术等相关本科生专业教材，也可作为相关学科的研究生参考资料，还可作为学习 Java 开发、数据库开发、Java EE 开发的职业技能培训教材。

本书作者

本书受到北京联合大学"十三五"规划教材建设项目、北京市教育委员会科技发展计划面上项目（SQKM201411417013、KM201211417002）资助，由北京联合大学软件工程优秀教学团队完成。参加本书编写的有北京联合大学机器人学院的刘畅、彭涛。其中，第1～3章、第7章和第8章由刘畅编写，第4～6章由彭涛编写。全书由刘畅、彭涛统稿。在编写过程中得到了孙连英教授、刘小安等研究生的指导和帮助，在此表示感谢。

由于作者水平有限，书中疏漏之处在所难免，敬请读者批评指正。

编者

目　录

数据库开发技术标准教程

目
录

V

第 1 章

数据库开发技术概述

　　大多数读者已经学习了有关数据库系统的知识，对数据库、数据库管理系统、数据库系统有了基本的认识，也掌握了关系数据库的原理、概念，能使用 SQL 对关系数据库中的数据进行操纵。SQL 的使用方式包括交互式和嵌入式。在数据库系统课程中，主要以交互式的方式来使用 SQL，而在真正的企业级应用中，SQL 更多的是嵌入在应用程序中，以嵌入式的方式来运行。本章主要介绍应用程序与数据库之间的关系，主要说明数据库系统与应用程序之间的关系。之后在介绍多层软件架构的基础上，对数据访问层（也称持久化层）进行了阐述。在数据访问层中，有很多数据库访问接口技术，选择其中部分技术进行了简介。除了上述传统的数据库访问接口之外，近年来，对象-关系映射技术也得到了非常广泛的应用。本章介绍了对象-关系映射技术及 Hibernate 框架，同时对 XML 等非关系型数据存储技术进行了说明。

1.1　应用程序与数据库的关系

数据库系统（DataBase System，DBS）的结构如图 1.1 所示，其中，数据库（DataBase，DB）提供数据的存储功能。数据库管理系统（DataBase Management System，DBMS）提供数组的组织、存取、管理和维护等基础功能。数据库应用系统根据应用需求使用数据库，数据库管理员（DataBase Administrator，DBA）负责全面管理数据库系统。图 1.2 是引入了数据库之后的计算机系统的层次结构。

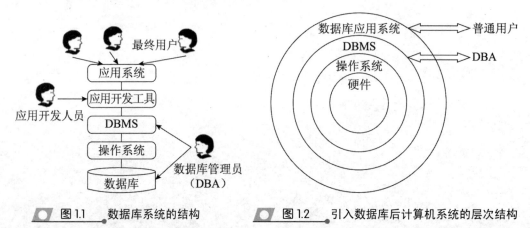

图 1.1　数据库系统的结构　　　图 1.2　引入数据库后计算机系统的层次结构

从图 1.1 中可以看出，在数据库系统中，除了数据库之外，其余均为软件，尤其是用户直接使用的各类应用系统。从图 1.2 中也可以看出，普通用户直接与各类数据库应用系统进行交互，完成各类业务活动。因此，在计算机系统中普遍存在的一个关系就是应用程序与数据库二者之间的关系。

1.1.1　应用程序与数据库的关系概述

实际上，在数据库的不同历史发展阶段中，应用程序与数据之间的关系也在发生变化。在人工管理阶段（20 世纪 50 年代中期以前），应用程序与数据之间是一一对应的，其关系如图 1.3 所示。人工管理数据主要具有如下特点。

应用程序1	━━━	数据集1
应用程序2	━━━	数据集2
⋮		⋮
应用程序n	━━━	数据集n

图 1.3　人工管理阶段应用程序与数据之间的一一对应关系

- ❑ 数据不保存；
- ❑ 应用程序管理数据；
- ❑ 数据不共享；
- ❑ 数据不具有独立性。

在文件系统阶段（20 世纪 50 年代后期到 60 年代中期），应用程序与数据之间的对应关系如图 1.4 所示。用文件系统管理数据具有如下特点。

数据库开发技术标准教程

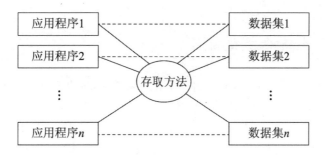

图1.4 文件系统阶段应用程序与数据之间的对应关系

- ❑ 数据可以长期保存;
- ❑ 由文件系统管理数据。

文件系统存在的缺点如下。

- ❑ 数据共享性差、冗余度大;
- ❑ 数据独立性差。

从20世纪60年代后期以来,主要采用数据库系统来管理数据。该阶段应用程序与数据之间的对应关系如图1.5所示。

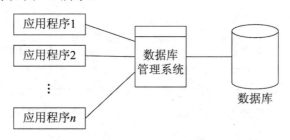

图1.5 数据库系统阶段应用程序与数据之间的对应关系

与人工管理和文件系统相比,数据库系统的特点主要有以下几个方面。

- ❑ 数据结构化:数据库系统实现整体数据的结构化,这是数据库的主要特征之一,也是数据库系统与文件系统的本质区别。
- ❑ 数据的共享性高、冗余度低且易扩充。
- ❑ 数据独立性高。
- ❑ 数据由数据库管理系统统一管理和控制。

数据库是长期存储在计算机内有组织、大量、共享的数据集合。它可以供各种用户共享,具有最小冗余度和较高的数据独立性。数据库管理系统在数据库建立、运行和维护时对数据库进行统一控制,以保证数据的完整性和安全性,并在多用户同时使用数据库时进行并发控制,在发生故障后对数据库进行恢复。

数据库系统的出现使软件系统从以加工数据的程序为中心转向围绕共享的数据库为中心的新阶段。这样既便于数据的集中管理,又能简化应用程序的研制和维护,提高了数据的利用率和相容性,提高了决策的可靠性。目前,数据库已经成为现代软件系统的重要组成部分。具有数百GB、数百TB、甚至数百PB（1PB=2^{50}B）、百EB（1EB=2^{60}B）的数据库已经普遍存在于科学技术、工业、农业、商业、服务业和政府部门的软件系统中。

1.1.2 数据库系统的结构

考察数据库系统的结构可以有多种不同的层次或不同的角度。从数据库应用开发人员角度看，数据库系统通常采用三级模式结构，这是数据库系统内部的系统结构。从数据库最终用户角度看，数据库系统的结构分为单用户结构、主从式结构、分布式结构、客户机/服务器、浏览器/应用服务器/数据库服务器多层结构等。这是数据库系统外部的体系结构。目前，许多主流的数据库系统采用了客户机/服务器（Client/Server）体系结构。

数据库系统的三级模式结构是指数据库系统是由外模式、模式和内模式三级构成，如图 1.6 所示。数据库系统的三级模式是数据的三个抽象级别，它把数据的具体组织留给数据库管理系统管理，使用户能逻辑地、抽象地处理数据，而不必关心数据在计算机中的具体表示方式与存储方式。为了能够在系统内部实现这三个抽象层次的联系和转换，数据库管理系统在这三级模式之间提供了两层映像：外模式/模式映像和模式/内模式映像。这两层映像保证了数据库系统中的数据能够具有较高的逻辑独立性和物理独立性。其中，外模式/模式映像主要解决的就是应用程序与数据之间的独立性问题。

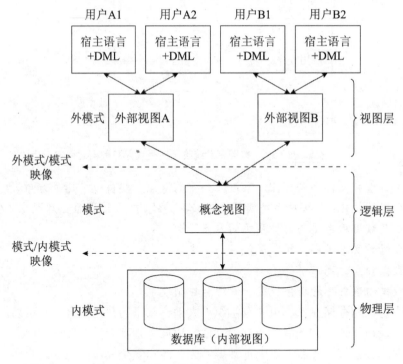

图 1.6 数据库系统的三级模式结构

模式描述的是数据的全局逻辑结构，外模式描述的是数据的局部逻辑结构。对应于同一个模式可以有任意多个外模式。对于每一个外模式，数据库系统都有一个外模式/模式映像，它定义了该外模式与模式之间的对应关系。这些映像定义通常包含在各自外模式的描述中。当模式改变时（例如，增加新的关系、新的属性、改变属性的数据类型等），由数据库管理员对各个外模式/模式映像做出相应改变，可以使外模式保持不变。

应用程序是依据数据的外模式编写的，从而应用程序不必修改，保证了数据与程序的逻辑独立性，简称数据的逻辑独立性。

特定的应用程序是在外模式描述的数据结构上编制的，它依赖于特定的外模式，与数据库的模式和存储结构独立。不同的应用程序有时可以共用同一个外模式。数据库的二级映像保证了数据库外模式的稳定性，从而从底层保证了应用程序的稳定性，除非应用程序的需求本身发生了变化，否则应用程序一般不需要修改。

数据与应用程序之间的独立性使得数据的定义和描述可以从应用程序中分离出去。另外，由于数据的存取由数据库管理系统来管理，从而简化了应用程序的开发工作，大大减少了应用程序维护和修改的成本。

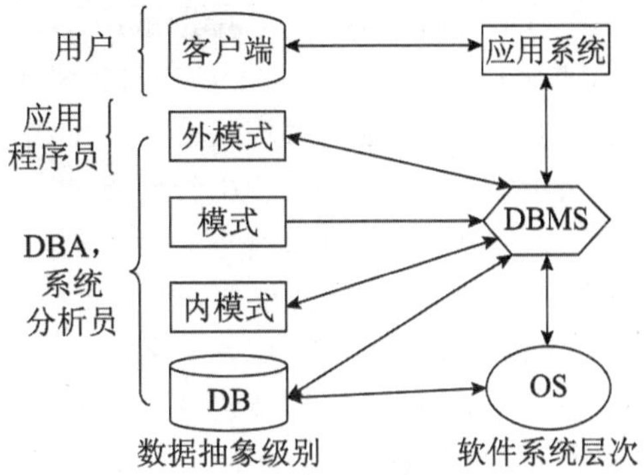

数据库系统一般由数据库、数据库管理系统（及其应用开发工具）、应用程序和数据库管理员构成。各种人员的数据视图如图1.7所示。

图 1.7　各种人员的数据视图

其中，数据库系统的软件主要包括以下几个方面。

（1）数据库管理系统。数据库管理系统是为数据库的建立、使用和维护配置的系统软件。

（2）支持数据库管理系统运行的操作系统。

（3）具有与数据库接口的高级语言及其编译系统，便于开发应用程序。

（4）以数据库管理系统为核心的应用开发工具。应用开发工具是系统为应用开发人员和最终用户提供的高效、多功能的应用生成器、第 4 代语言等各种软件工具。它们为数据库系统的开发和应用提供了良好的环境。

（5）为特定应用环境开发的数据库应用系统。

本书主要讨论上述第 3～5 部分中涉及的相关数据库应用系统开发技术。

1.2　多层软件架构

对程序员来说很常见的一种情况是在没有合理的软件架构时就开始编程。在没有一个清晰的和定义好的架构的情况下，大多数开发者和架构师通常会使用标准式的传统多层架构模式（也被称为多层架构）。在多层架构中，通常将源码模块分割为几个不同的层。

应用程序缺乏合理的架构一般会导致程序的过度耦合、容易被破坏、难以应对变化等情况。这样的结果是，如果没有充分理解程序系统里的每个组件和模块，就很难定义这个程序的结构特征。

1.2.1　多层软件架构简介

多层架构是一种很常见的架构模式，也称为 N 层架构。这种架构是大多数企业级应用系统的实际标准,因此很多的架构师、设计师以及程序员都很熟悉多层架构。许多传统 IT 公司的组织架构和分层模式十分相似。因此,多层架构很自然地成为大多数应用程序的架构模式。

多层架构模式的组件被分成几个平行的层次,每一层都代表了应用程序的一个功能(展示逻辑或者业务逻辑)。尽管多层架构没有规定自身要分成几层,大多数多层架构其结构都包括以下 4 个层次:展示层(也称为表现层,Presentation Layer)、业务层(也称为业务逻辑层,Business Layer)、持久层(也称为持久化层,Persistence Layer)和数据库层(Database Layer),如图 1.8 所示。有时候,业务层和持久层会合并成单独的业务层,尤其是持久层的逻辑绑定在业务层的组件当中。因此,有一些小的应用程序可能只有 3 层,而一些有着更复杂业务的应用程序可能会有 5 层或者更多的分层。

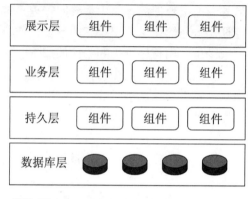

多层架构中的每一层都有着特定的角色和职能。例如,展示层负责处理所有的界面展示以及交互逻辑;业务层负责处理请求对应的业务。每一层是具体工作的高度抽象,都是为了实现某种特定的业务请求。例如,

图 1.8　常见的多层软件架构

展示层不需要关心如何得到用户查询的数据,只需在屏幕上以特定的格式来展示这些数据。业务层不关心数据的展现形式,也不关心数据来自何处,只负责从持久层得到数据,执行与数据有关的相应业务逻辑,然后把这些信息传递给展示层。

多层架构的一个突出特点是组件之间的关注点分离。一个层中的组件只会处理本层的逻辑。例如,展示层的组件只会处理展示逻辑,而业务层中的组件则只会处理业务逻辑。利用组件分离的技术,能够更容易构造有效的角色和强有力的软件模型。这样极大地降低了应用程序的开发、测试、管理和维护等工作的成本。

1.2.2　多层软件架构的特点

注意图 1.9 中每一层都是封闭的。这是多层架构中非常重要的特点。这意味着用户的请求必须一层一层地传递。例如,从展示层传递来的请求首先会传递到业务层,然后传递到持久层,最后才传递到数据层。

那么为什么不允许展示层直接访问数据层呢?如果只是获得以及读取数据,展示层直接访问数据层,比穿过很多层一步步得到数据快得多。之所以这么做,涉及一个概念:层隔离。层隔

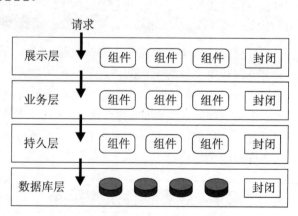

图 1.9　多层架构中每一层的封闭性

离是指架构中的某一层的改变不会影响到其他层,这些变化的影响范围仅限于当前层次。如果展示层能够直接访问持久层,展示层就会与持久层紧密相关。如果持久层中的结构变化了,展示层就会受到影响,很可能需要修改程序。这样会让应用变得紧耦合,组件之间互相依赖,这种架构的致命缺点是难以维护。从另外一个方面来说,分层隔离使得层与层之间都是相互独立的,架构中的每一层的相互了解都很少。为了说明这个概念的强大之处,可以想象一个超级重构:把展示层从 JSP 换成 JSF。假设展示层和业务层之间的联系保持一致,业务层不会受到重构的影响,它和展示层所使用的界面技术完全独立。

然而封闭的架构层次也有不便之处,有时候也需要开放某一层。例如,如图 1.10 所示,新建了一个服务层。新的服务层是处于业务逻辑层之下的,表现层不能直接访问这个服务层中的组件。如果服务层是封闭的,业务逻辑层需要通过服务层才能访问到持久层,这样使操作复杂化,不合理。应将服务层设置为开放的,所有请求可以绕过这一层,直接访问持久层,这样就更加合理、灵活了。

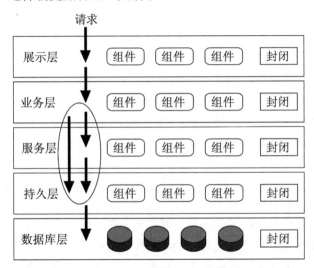

图 1.10 增加了开放的服务层的多层软件架构

开放和封闭层的概念确定了架构层和请求流之间的关系,并且给设计师和开发人员提供了必要的信息,以理解架构里各种层之间的访问限制。如果随意地开放或者封闭架构里的层,整个项目可能都是紧耦合、一团糟的,以后也难以测试、维护和部署。

多层架构是一个很可靠的架构模式,适合大多数的应用程序开发。从架构的角度考虑,选择这个模式还要考虑很多的因素,例如,整体灵活性、易于部署、可测试性、系统总体性能、可伸缩性、易开发性等方面。

1.3 数据访问层

数据访问层又称为 DAL(Data Access Layer),有时候也称持久层或持久化层(Persistence Layer),主要负责数据的访问,可以访问数据库系统、二进制文件、文本文档或是 XML 文档。简单来说，就是实现对数据表的 Select、Insert、Update、Delete 等操作，也就是常说的增删改查操作，英文缩写为 CRUD（即增加（Create）、读取查询（Retrieve）、更新（Update）和删除（Delete））。如果要加入 ORM（Object Relation Mapping，对象关系映射，请参见 1.5 节及第 5 章）的元素，那么就会包括对象和数据表之间的映射，以及对象实体的持久化。数据访问层在多层架构中的地位如图 1.11 所示。

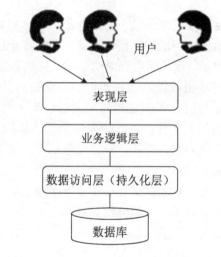

图 1.11　数据访问层在多层架构中的地位

狭义的理解，"持久化"仅指把领域对象（Domain Object，即业务对象（Business Object），属于业务逻辑层）永久保存到数据库中；广义的理解，"持久化"包括和数据库相关的各种操作，具体如下。

- ❑ 保存：把业务对象永久保存到数据库。
- ❑ 更新：更新数据库中业务对象的状态。
- ❑ 删除：从数据库中删除一个业务对象。
- ❑ 加载：根据特定的 OID（Object IDentifier，对象标识符，具有唯一性），把一个业务对象从数据库加载到内存。
- ❑ 查询：根据特定的查询条件，把符合查询条件的一个或多个业务对象从数据库加载在内存中。

持久化技术封装了数据访问细节，为大部分业务逻辑提供了面向对象的 API，其优点主要如下。

- ❑ 通过持久化技术可以减少访问数据库的数据次数，增加应用程序执行速度；
- ❑ 代码重用性高，能够完成大部分数据库操作；
- ❑ 松散耦合，使持久化不依赖于底层数据库和上层业务逻辑实现，更换数据库时只需修改配置文件而不用修改代码。

在数据访问层（即持久化层）中可以使用数据库访问接口直接访问数据库（请参见 1.4 节），也可以使用某种持久化框架来访问数据库。目前广泛使用的持久化框架包括 Hibernate（请参见第 5 章）、MyBatis（原来的 iBatis 已更名为 MyBatis）等。

1.4　常见数据库访问接口

在数据访问层中，主要使用的数据库访问接口包括 ODBC 数据库接口、OLE DB 数据库接口、ADO 数据库接口、ADO.NET 数据库接口、JDBC 数据库接口等。

1. ODBC 数据库接口

ODBC 即开放式数据库互连（Open Database Connectivity），是一种实现应用程序和关系数据库之间通信的接口标准。1991 年 11 月，Microsoft 宣布了 ODBC。1992 年 2 月，

Microsoft 推出了 ODBC SDK 2.0 版。符合标准的数据库就可以通过 SQL 编写的命令对数据库进行操作，但只针对关系数据库。目前所有的关系数据库都符合该标准（如 SQL Server、Oracle、Access 等）。ODBC 本质上是一组数据库访问 API（应用程序编程接口），由一组函数调用组成，核心是 SQL 语句，其结构如图 1.12 所示。

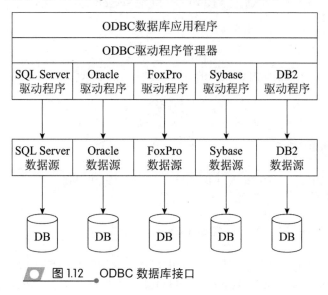

图 1.12　ODBC 数据库接口

2. OLE DB 数据库接口

OLE DB 即数据库链接和嵌入对象（Object Linking and Embedding Data Base）。OLE DB 是 Microsoft 推出的战略性的、通向不同的数据源的低级应用程序接口。OLE DB 不仅包括 Microsoft 资助的标准数据接口开放数据库连通性（ODBC）的结构化查询语言（SQL）能力，还具有面向其他非 SQL 数据类型的通路。

OLE DB 是微软提出的基于 COM 思想且面向对象的一种技术标准，目的是提供一种统一的数据访问接口访问各种数据源，这里所说的"数据"除了标准的关系型数据库中的数据之外，还包括邮件数据、Web 上的文本或图形、目录服务（Directory Services），以及主机系统中的文件和地理数据以及自定义业务对象等。

OLE DB 标准的核心内容是提供一种相同的访问接口，使得数据的使用者（应用程序）可以使用同样的方法访问各种数据，而不用考虑数据的具体存储地点、格式或类型，其结构图如图 1.13 所示。

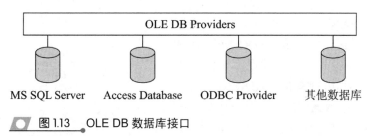

图 1.13　OLE DB 数据库接口

3. ADO 数据库接口

ADO（ActiveX Data Objects）是微软公司开发的基于 COM 的数据库应用程序接口，通过 ADO 连接数据库，可以灵活地操作数据库中的数据。

图 1.14 展示了应用程序通过 ADO 访问 SQL Server 数据库接口。

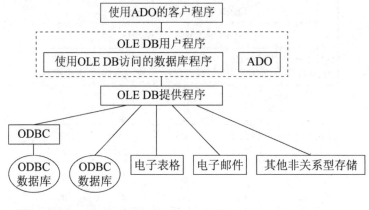

图 1.14　ADO 访问 SQL Server 的接口

从图 1.14 可以看出，使用 ADO 访问 SQL Server 数据库有两种途径：一种是通过 ODBC 驱动程序，另一种是通过 SQL Server 专用的 OLE DB Provider，后者的访问效率更高。

4. ADO.NET 数据库接口

ASP.NET 使用 ADO.NET 数据模型。该模型从 ADO 发展而来，但不只是对 ADO 的改进，而是采用了一种全新的技术。主要表现在以下几个方面。

ADO.NET 不是采用 ActiveX 技术，而是与.NET 框架紧密结合的产物。

ADO.NET 包含对 XML 标准的完全支持，这对于跨平台交换数据具有重要的意义。

ADO.NET 既能在与数据源连接的环境下工作，又能在断开与数据源连接的条件下工作。特别是后者，非常适合于网络应用的需要。因为在网络环境下，保持与数据源连接，不符合网站的要求，不仅效率低，付出的代价高，而且常常会引发由于多个用户同时访问时带来的冲突。因此 ADO.NET 系统集中主要精力用于解决在断开与数据源连接的条件下数据处理的问题。

ADO.NET 提供了面向对象的数据库视图，并且在 ADO.NET 对象中封装了许多数据库属性和关系。最重要的是，ADO.NET 通过很多方式封装和隐藏了很多数据库访问的细节。可以完全不知道对象在与 ADO.NET 对象交互，也不用担心数据移动到另外一个数据库或者从另一个数据库获得数据的细节问题。

ADO.NET 的架构如图 1.15 所示。

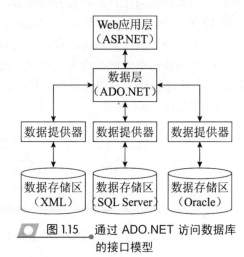

图 1.15　通过 ADO.NET 访问数据库的接口模型

5. JDBC 数据库接口

JDBC 代表 Java 与数据库的连接。从根本上说，JDBC 是一种规范，提供了一套完整的、可移植的访问底层数据库的接口。

JDBC 库包含的 API 为与数据库的使用相关联的任务，例如：

（1）连接到数据库；

（2）创建 SQL 语句；

（3）执行 SQL 语句，并查询数据库；

（4）查看和修改结果记录。

可以用 Java 来编写不同类型的可执行文件，例如：

（1）Java 应用程序（Application）；

（2）Java Applets；

（3）Java Servlets；

（4）Java Server Pages（JSP）；

（5）Enterprise JavaBeans（EJBs）。

所有这些不同的可执行文件都可以使用 JDBC 驱动程序来访问数据库。JDBC 提供了与 ODBC 相同的功能，允许 Java 程序包含与数据库无关的代码。JDBC 开发模型如图 1.16 所示。

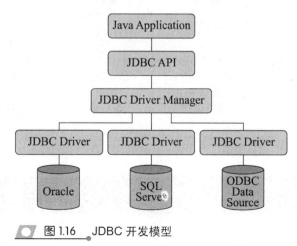

图 1.16　JDBC 开发模型

JDBC 提供了如下多种不同的连接方式。

❑　JDBC-ODBC 连接桥：这种方式是以 ODBC 为基础的。由于 Java 应用程序和 ODBC 之间的通信比较麻烦，但 ODBC 作为一种数据库访问的标准应用是很广泛的，因此 JDBC 通过映射 ODBC 的功能调用就保证了原来使用 ODBC 的数据库也可以很方便地进行访问。

❑　本地 API 驱动：即把 JDBC 调用转换为对数据库接口的客户端二进制代码库的调用。但是这个接口库依赖于生产商，因为这里调用的不是数据库厂商提供的 JDBC 的接口实现。

❑　纯 Java 本地协议：即把 JDBC 调用映射为 DBMS 的网络监听协议的功能调用，监听程序监听到请求后执行相关的数据库操作，监听程序是由数据库厂商提供的。
JDBC 不同的连接方式如图 1.17 所示。

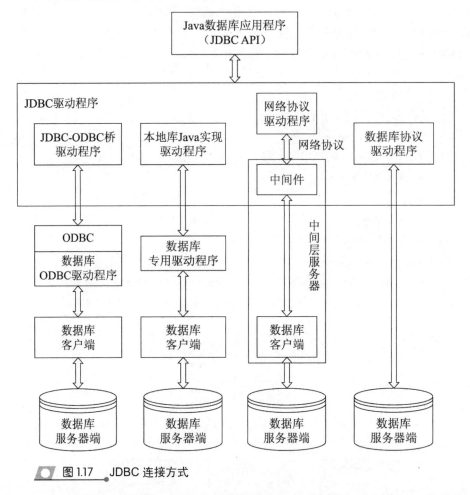

图 1.17　JDBC 连接方式

1.5　ORM

1.5.1　ORM 简介

　　对象关系映射（Object Relation Mapping，ORM）用于在关系型数据库和业务实体对象之间做一个映射。从效果上说，ORM 创建了一个可在编程语言中使用的"虚拟对象数据库"，就是把关系型数据库封装成业务实体对象，在具体操作业务对象的时候，就不需要再去和复杂的 SQL 语句打交道，只需简单地操作业务对象的属性和方法即可完成相关的数据访问。ORM 在多层软件架构中的地位如图 1.18 所示。
　　对象关系映射提供了概念性的、易于理解的模型化数据的方法。ORM 方法论基于以下三个核心原则。

- ❏ 简单：以最基本的形式建模数据。
- ❏ 传达性：数据库结构被任何人都能理解的语言文档化。
- ❏ 精确性：基于数据模型创建正确标准化的结构。

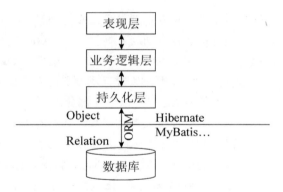

1.5.2 理解 ORM

对象-关系映射，是随着面向对象的软件开发方法发展而产生的。面向对象的开发方法是当今企业级应用开发环境中的主

图 1.18　ORM 在多层软件架构中的地位

流开发方法。关系数据库是企业级应用环境中永久存放数据的主流数据存储系统。对象和关系数据是业务实体的两种表现形式，业务实体在内存中表现为对象，在数据库中表现为关系数据。内存中的对象之间存在关联和继承关系，而在数据库中，关系数据无法直接表达多对多关联和继承关系。因此，对象-关系映射系统一般以中间件的形式存在，主要实现程序中业务实体对象到关系数据库中数据的映射。

面向对象是在软件工程基本原则（如耦合、聚合、封装）的基础上发展起来的，而关系数据库则是从关系代数理论发展而来的，两套理论之间存在显著的区别。为了解决这个不匹配的现象，对象关系映射技术应运而生。

理解 ORM 可从其名称开始。字母 O 起源于对象（Object），而 R 则来自关系（Relation）。几乎所有的应用程序里面，都存在对象和关系数据库。在业务逻辑层和用户界面层（即展示层、表现层），主要采用面向对象的技术。当对象信息发生变化的时候，需要把对象的信息保存在关系数据库中。在关系数据库中，使用关系来存储应用程序中对象的相关信息。在图 1.19 中，通过 ORM 来对程序中的 Student 对象和数据库中的 Student 表进行自动化的关联、映射。

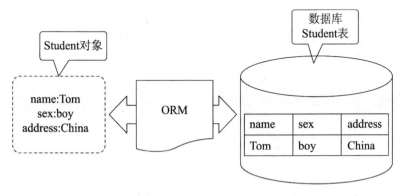

图 1.19　通过 ORM 来自动关联对象和关系

开发应用程序时如果不使用 ORM，可能会需要编写很多数据访问层的代码，用来从数据库保存、删除、读取对象信息。例如，在 DAL 中会编写很多的方法来读取对象数据、改变状态对象等。而这些代码写起来总是重复的。以保存对象的方法为例，对于

每个对象都要重复地调用数据库访问接口中的类，编写相应的代码。引入 ORM 可以减少上述这些重复劳动。实质上，一个 ORM 会为开发人员自动产生 DAL 的代码。与其自己写 DAL 代码，不如用 ORM。如果使用 ORM 保存、删除、读取对象，ORM 会负责生成 SQL，而应用开发人员只需要关心对象即可。

一般的 ORM 包括以下 4 部分。

- ❑ 一个对持久类的对象进行 CRUD 操作的 API；
- ❑ 一个语言或 API 用来规定与类和类属性相关的查询；
- ❑ 一个规定 Mapping Meta Data（元数据）的工具；
- ❑ 一种技术可以让 ORM 的实现同事务对象一起进行脏数据检查（Dirty Checking）、延迟加载（Lazy Association Fetching）以及其他的优化操作。

1.5.3　ORM 的优缺点

自从 ORM 的概念被提出开始，ORM 就得到了无数的响应，花样繁多的应用框架更是应接不暇。可见，ORM 是有独到的优势的。

ORM 最大的优势，是隐藏了数据访问的细节，使得通用的数据库交互功能开发变得简单易行，并且基本不用考虑 SQL 语句的琐碎和具体的实现细节。快速开发，由此而来。

ORM 使构造固化数据结构变得简单易行。在 ORM 之前的时代，开发人员需要将应用程序中对象模型的数据访问操作转换为对应的 SQL 语句，通过直连数据库或使用 DB helper 在关系数据库中构造对应的数据库体系。而绝大多数的 ORM 框架都提供了通过对象模型来构造关系数据库结构的功能。

但是，不可避免的是，任何优势的背后都隐藏着缺点，ORM 的缺点主要如下。

自动化的映射和关联管理是以牺牲一定的性能为代价的（早期，这是 ORM 被诟病的主要原因之一）。而目前的各种 ORM 框架都在尝试使用各种方法（包括延迟加载、缓存等）来降低性能的损失，效果还是很显著的。

面向对象的查询语言作为一种数据库与对象之间的过渡，虽然隐藏了数据层面的业务抽象，但并不能完全屏蔽掉数据库层的设计，另外，无疑增加了开发中的学习成本。

对于复杂查询，ORM 仍然力不从心。虽然可以实现，但是应用价值仍然较低。

1.6　XML

XML 是由 W3C 定义的一种语言，是表示结构化数据的行业标准。XML 在电子商务、移动应用开发、Web Service、云计算等技术和领域中起着非常重要的作用。

1.6.1　XML 简介

1996 年，万维网相关技术的主要设计组织 W3C（World Wide Web Consortium，万维网联盟）开始创建一种可扩展的标记语言，能够结合 SGML（Standard Generalized Markup Language，标准通用标记语言）的灵活性并能像 HTML（Hypertext Markup Language，

超文本标记语言）一样可以被广泛接受，这种语言就是 XML，其全称是 Extensible Markup Language，称为可扩展标记语言。所谓可扩展是指 XML 允许用户按照 XML 规则自定义标签。XML 文件是由标签及其所包含的内容构成的纯文本文件，与 HTML 文件不同的是，这些标签可自由定义，目的是使 XML 文件能够很好地体现数据的结构和含义。W3C 推出 XML 的主要目的是让数据的内容更加容易理解，使基于 Internet 的数据交换更方便。W3C 的主页是 http://www.w3c.org，关于 XML 的网页在 http://www.w3c.org/XML 中，大部分的技术文档可以在 http://www.w3c.org/XR 找到。XML 1.0 版本是由 W3C 在 1998 年 2 月的推荐标准中定义的，W3C 的推荐标准就像 Internet 的 RFC（Request for Comments）一样，是一种非正式的"标准"。文档中的许多小问题和基础标准的一些变化导致了 2000 年 10 月第 2 版的出版，第 2 版修正和更新了文档，但没有改变 XML 本身。

W3C 为 XML 制定了 10 个设计目标，具体内容如下。

- ❏ XML 应该可以在 Internet 上直接使用；
- ❏ XML 应该广泛地支持不同的应用；
- ❏ XML 要和 SGML 兼容；
- ❏ 处理 XML 文档的程序应该容易编写；
- ❏ XML 的可选特征应该保持绝对最低限，最好是零；
- ❏ XML 文件要易读、清晰；
- ❏ XML 的设计应该可以快速预备；
- ❏ XML 应设计得正规、简洁；
- ❏ XML 文件应该很容易创建；
- ❏ XML 标签的简洁性应该是无关紧要的。

XML 的语法规则非常严格，这一点和 HTML 有很大不同。HTML 本身语法十分不严格，这在一定程度上影响了网络信息的传输和共享。W3C 吸取了 HTML 发展的经验和教训，对 XML 制定了严格的语法标准。例如，标签都必须要有一个开始标签和结束标签，所有的标签都必须合理嵌套，即形成树状结构。也就是说，XML 文件必须符合一定的语法规则，只有符合这些规则，XML 文件才可以被 XML 解析器解析，以便利用其中存储的数据。XML 文件分为格式良好的（well-formed）XML 文件和有效的（validated）XML 文件。符合 W3C 制定的基本规则的 XML 文件称为格式良好的 XML 文件，格式良好的 XML 文件如果再符合额外的关于标签的约束则称为有效的 XML 文件。

XML 可以很好地描述数据的结构，有效地分离数据的结构和数据的显示，可以作为数据交换的标准格式，而在 AJAX（Asynchronous JavaScript And XML，异步的 JavaScript 与 XML）、Web Service（Web 服务）、云计算等相关技术中，XML 已经是数据交换领域事实上的行业标准。而 HTML 是用来编写 Web 页面的语言，HTML 同时存储了数据的内容和数据的显示外观，如果只想使用数据而不需要显示，则需要对 HTML 进行专门的处理。例如，在 Internet 上广泛使用的搜索引擎，在抓取得到 Web 页面之后就需要去除页面中包含的标签，保留页面中有用的数据并用于建立索引。另外，HTML 不允许用户自定义标签，目前的 HTML 大约有一百多个标签。HTML 不是专门用于存储数据的结构，主要用于描述数据的显示格式。

1.6.2　XML 的优点

1. 良好的可扩展性

在 XML 产生之前，要定义一个标记语言并推广利用非常困难。一方面，如果制定了一个新的标记语言并期望能生效，需要把这个标准提交给相关的组织（如 W3C），等待接受并正式公布这个标准，经过几轮的评定和修改，到这个标记语言终于成为一个正式推荐标准时，可能已经用了几年的时间。另一方面，为了让这套标签得到广泛应用，制定者必须为它配备浏览工具。这样，就不得不去游说各个浏览器厂商接受并支持新制定的标签，或者自己开发一个新的浏览器，与现有的浏览器竞争。无论上述哪个办法，都需要耗费大量的时间和工作。现在借助 XML 的帮助，制定新的标记语言要简单易行得多，这也正是 XML 的优势所在。

各个行业可能会有一些独特的要求。例如，化学家需要化学公式中的一些特殊符号，建筑家需要设计图样中的某些特殊标记，音乐家需要音符，这些都需要单独的标记。但是，网页设计者一般不会使用这些记号，因此不需要这些标签。XML 的优点就在于允许各个组织、个人建立适合自己需要的标签库，并且这个标签库可以迅速地投入使用。

不仅如此，随着当今世界越来越多元化，要想定义一套各行各业都能够广泛应用的标签既困难，也没有必要。XML 允许各个行业根据自己独特的需要制定自己的一套标签，同时并不要求所有浏览器都能处理这成千上万的标签，同样也不要求标记语言的制定者制定出一个非常详尽、非常全面的语言，从而适合各个行业、各个领域的应用。比起那些追求大而全的标记语言，这种具体问题具体分析的方法实际上更有助于标记语言的发展。

实际上，现在许多行业、机构都利用 XML 定义了自己的标记语言，比较早而且比较典型的有：化学标记语言 CML（Chemical Markup Language，由 Peter Murray-Rust 等人制定）和数学标记语言（MathML 1.0，W3C 的推荐标准，1998 年 4 月 7 日）。

2. 内容与形式的分离

XML 不仅允许自定义一套标签，而且这些标签不必仅限于对显示格式的描述。XML 允许根据不同的规则来制定标签，比如根据商业规则、数据描述甚至可以根据数据关系来制定标签。数据自身的逻辑不得不让位于 HTML 规范的逻辑。如果要用 Java Applet 来处理数据，则这个 Java Applet 将不得不遍历整个 HTML 文件，把所有的 HTML 标记剔除掉，再把剥离出来的有用的数据重新组织。同样，任何一个不是单纯为了显示 HTML 文件的应用程序在处理 HTML 文件中的数据时，都不得不做大量的额外工作。

XML 内容与显示相分离的优点如下。

在 XML 中，显示样式从数据文档中分离出来，放在样式单文件中。这样，如果要改动信息的表现方式，无须改动信息本身，只要修改样式单文件即可。如果要把表格的数据改用列表显示，则无须再去修改数据文档，因为数据文档的显示方式已经委托给样式单文件了，只要修改相应的样式单文件即可。

在 XML 中数据搜索可以简单、高效地进行。搜索引擎没有必要再去遍历整个 XML 文档，只须找相关标签下的内容。例如，要查找"Java 面向对象程序设计"，只要看看 <title>这个标签下的字符串数据是否匹配即可，此处 title 标签用于存储图书的名称信息（参见第 6 章）。

XML 是自我描述的语言。即便是对预先定义的标签一无所知的人，这个文档也是清晰可读的。例如，XML 文档中的<isbn>9787302489078</isbn>代表了一本教材（本书作者主编的《Java 面向对象程序设计》教材）的 ISBN 编号信息。可是 HTML 文档就不那么清楚了。此外，信息之间的某些复杂关系，比如树状结构、继承关系等，在 XML 中也都得到了很好的体现，这样就大大方便了 XML 应用处理程序的开发。

3. 遵循严格的语法要求

HTML 的语法要求并不严格，浏览器可以显示有文法错误的 HTML 文件。但是，XML 不但要求标记配对、嵌套，而且要求严格遵守 DTD（Document Type Definition，文档类型定义）或者 XML Schema 的规定。XML 非常注重准确性，无论语法有什么差错，XML 分析器都会停止进一步处理。在处理 HTML 文件时，浏览器通常具备一个内置的修改功能去猜测 HTML 文件中漏掉了什么，并试图修改这个有错误的 HTML 文件。XML 解析器则不同，无论这个 XML 解析器是内嵌在浏览器中还是作为独立的处理器，都绝对不允许猜测和修改。就像编译程序一样，一个 XML 文档或者被判断为"正确"而被接受，或者被判断为"错误"而不被接受。这是因为 XML 的宗旨在于通过自定义的标签来传递结构化的数据，一个 XML 文档分析器无法像处理一个已有了一套固定 DTD 的 HTML 文件那样猜出文件中到底有什么，或者缺什么。

严格的语法要求固然表面上显得烦琐，但具有良好语法结构的文档可以提供较好的可读性和可维护性，从长远来看还是大有裨益的。这大大减轻了 XML 应用程序开发人员的负担，也提高了 XML 处理的时间和空间效率。随着 XML 的自动生成工具和所见即所得的编辑器的广泛使用，XML 的编写者也就不用操心 XML 的源代码，更不用去想 XML 琐碎的语法规则了。当然，这对于 XML 的开发工具也就提出了较高的要求。

4. 便于信息的传输

当今的计算机世界中，不同企业、不同部门中存在着许多不同的系统。操作系统有 Windows、UNIX 等，数据库管理系统有 DB2、SQL Server、Oracle 等，要想在这些不同的平台、不同的数据库管理系统之间传输信息，不得不使用一些特殊的软件，这样就非常不方便。而不同的显示界面，从工作站、个人计算机到移动终端（例如手机、平板电脑等），使这些信息的个性化显示也变得相当复杂。

有了 XML，各种不同的系统之间可以采用 XML 作为交流媒介。XML 不但简单易读，而且可以标记各种文字、图像甚至二进制文件，只要有了 XML 处理工具，就可以轻松地读取并利用这些数据，这使得 XML 成为异构系统之间一种理想的数据交换格式。

5. 具有较好的保值性

XML 的保值性来自它的先驱 SGML。SGML 作为一套有着十几年历史的国际标准，最初设计的目标是要为文档提供 50 年以上的寿命。

我们是通过流传至今的大量历史文献知道祖先悠久辉煌的历史，同样，我们的后代也要靠我们留下的文字资料来了解我们。可是现在大部分资料都是电子文档的形式，而且很多没有被打印下来单独存档。若干年后，我们的子孙很可能面对着这些电子文档，苦于没有软件工具能够打开。如果没有 XML，恐怕只有两个办法：要么返璞归真继续使用纸介质，要么不辞辛苦随着软件的更新换代来大规模地转换原有文档到最新格式。SGML 和 XML 不但能够长期作为一种通用的标准，而且很容易向其他格式的文档转换，它们的设计对这一问题给出了圆满的解决方案。

1.6.3 XML 的应用

设计 XML 的本意是用来存储、传送和交换数据，而不是用来显示数据，主要用途如下。

1. 创建新的标记语言

作为元标记语言，XML 可以为用户定义适合本行业领域的标记语言。目前这一应用的成功案例比比皆是，例如，化学领域的 CML、数学领域的 MathML、移动通信领域的 WML 等。

2. 数据存储

XML 文档是带有一定语义的纯文本格式的文件，可以用于存储数据，也可以方便地编写应用程序来存储和读取数据。由于 XML 独立于硬件、软件系统，因此也可以使用除标准 HTML 浏览器之外的其他应用程序使用 XML 数据文档。其他应用程序也可以将 XML 文档作为数据源来访问，就像访问数据库一样，使得用 XML 存储的数据更为有用。XML 良好的自描述性也使它成为保存历史档案，如政府文件、公文、科学研究报告等文档数据的最佳选择方案。

3. 数据交换

使用 XML 可以将数据在异构系统之间进行传输。在现实中，异构的计算机系统和数据库管理系统所包含的数据格式互不兼容。将数据转换成 XML 格式就能够被不同类型的多种应用程序阅读，可以大大地降低应用的复杂性。XML 也成为 Internet 上企业之间交换信息的主要数据格式。2005 年推出并已得到广泛应用的 AJAX 技术，即采用 XML 作为信息交换的数据格式。在分布式计算的最新技术——Web Service 技术中，XML 同样作为数据传输和数据交换的实现方式。目前除 XML 之外，还有一个比 XML 更轻量级的数据交换格式——JSON（JavaScript Object Notation）也开始得到广泛的应用（参见第 7 章）。

4. Web 应用

由于 XML 是由 SGML 特别为 Web 简化的，因此 XML 文档将成为 Web 资源的重要组成部分，同时 XML 也使搜索引擎更为智能和准确。XML 在 Web 方面的应用有如下几个方面。

- ❑ 集成不同数据源。XML 文档可以用来描述包含在不同应用的数据，从 Web 页面到数据库记录等，Web 应用的中间层服务程序将这些用 XML 表示的数据组合起来，然后提交给客户端或者下一步的应用。XML 还提供客户端包含机制，可以将多个来源的数据集成在一个文档内显示。

- ❑ 本地计算。XML 数据传输到客户端后，客户端可以利用 XML 分析器对数据进行解析和操作，在完成系统所需功能的同时，合理分配客户端和服务器的负荷。数据库记录可以直接传输到客户端，然后再进行排序，传统的 HTML 就无法做到这一点。

- ❑ 数据的多种显示。XML 将内容和表现分离，XML 只描述数据的结构和语义，显示外观则通过样式单文件（CSS 或者 XSL）进行描述。因此，只需在显示时配置不同的样式单，即可实现多种显示效果。

- ❑ 网络出版。随着互联网的发展，网络已经成为一种新的媒体，人们在网络上发布各种信息，信息的发布形式和发布语言也多种多样，其中，基于 XML 的显示技术和显示语言发挥着重要作用。比如 eBook、eNewspaper 等，就利用了 XML 的显示语言。

- ❑ 支持 Web 应用的互操作和集成。Web 界面定义语言（Web Interface Definition Language，WIDL）是 WebMethods 公司定义的一个 XML 应用，是能够用于 Web 的资源和企业应用接口的语言标准。通过它，Web 应用可以自动存取 Web 资源和企业应用。

总之，作为表示结构化数据的行业标准，XML 向软件组织、软件开发人员、Web 站点和最终用户提供了极大的便利。在电子商务、云计算、物联网等技术领域，使用 XML 的力度将进一步增大。XML 是 W3C 推出的标准，已获得非常广泛的行业支持，W3C 研究小组确保对工作在多系统和多浏览器上的用户之间的互操作性支持，并不断加强 XML 标准。XML 在采用简单、柔性的标准化格式表达以及在应用程序之间交换数据方面是一个革命性的进步。XML 不仅提供了直接在数据上工作的通用方法，而且 XML 的优势在于将用户界面和结构化数据相分离，允许不同来源数据的无缝集成和对同一数据的多种处理。从数据描述语言的角度看，XML 是灵活的、可扩展的，有着良好的结构和约束规则；从数据处理的角度看，XML 足够简单并易于阅读，几乎和 HTML 一样容易学习，同时比 HTML 更易于被应用程序处理，因此，XML 目前已经成为结构化数据表示与交换的事实上的行业标准，并将随着分布式计算、移动计算、云计算、物联网等新兴技术和应用领域的发展得到更广泛的应用。

1.7 大数据与 NoSQL

大数据，指无法在一定时间范围内用常规软件工具进行捕捉、管理和处理的数据集合，是需要新处理模式才能具有更强的决策力、洞察发现力和流程优化能力的海量、高增长率和多样化的信息资产。在维克托·迈尔-舍恩伯格及肯尼斯·库克耶编写的《大数据时代》中，大数据指不用随机分析法（抽样调查）这样的捷径，而采用所有数据进行分析处理。大数据的5V特点包括（IBM提出）：Volume（大量）、Velocity（高速）、Variety（多样）、Value（低价值密度）、Veracity（真实性）。

对于"大数据"，研究机构 Gartner 给出了这样的定义："大数据"是需要新处理模式才能具有更强的决策力、洞察发现力和流程优化能力来适应海量、高增长率和多样化的信息资产。麦肯锡全球研究所给出的定义是：一种规模大到在获取、存储、管理、分析方面大大超出了传统数据库软件工具能力范围的数据集合，具有海量的数据规模、快速的数据流转、多样的数据类型和价值密度低4大特征。

大数据技术的战略意义不在于掌握庞大的数据信息，而在于对这些含有意义的数据进行专业化处理。换而言之，如果把大数据比作一种产业，那么这种产业实现盈利的关键在于提高对数据的"加工能力"，通过"加工"实现数据的"增值"。

随着云时代的来临，大数据也吸引了人们越来越多的关注。分析师团队认为，大数据通常用来形容一个公司创造的大量非结构化数据和半结构化数据，这些数据在下载到关系型数据库用于分析时会花费过多时间和金钱。大数据分析常和云计算联系到一起，因为实时的大型数据集需要像 MapReduce 一样的框架来向数十、数百甚至数千的计算机分配工作。

大数据需要特殊的技术。适用于大数据的技术，包括大规模并行处理（MPP）数据库、数据挖掘、分布式文件系统、分布式数据库、云计算平台、互联网、可扩展的存储系统。

大数据包括结构化、半结构化和非结构化数据，非结构化数据越来越成为数据的主要部分。据IDC的调查报告显示：企业中80%的数据都是非结构化数据，这些数据每年都按指数增长60%。大数据就是互联网发展到现今阶段的一种表象或特征而已。在以云计算为代表的技术创新大幕的衬托下，这些原本看起来很难收集和使用的数据开始容易被利用起来了，通过各行各业的不断创新，大数据会逐步为人类创造更多的价值。

其次，想要系统地认知大数据，必须要全面而细致地分解它，着手从三个层面来展开，如图 1.20 所示。

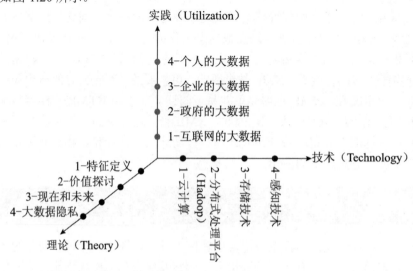

图 1.20　大数据认知的三个层面

第一层面是理论。理论是认知的必经途径，也是被广泛认同和传播的基线。在这里从大数据的特征定义理解行业对大数据的整体描绘和定性；从对大数据价值的探讨来深入解析大数据的珍贵所在；洞悉大数据的发展趋势；从大数据隐私这个特别而重要的视角审视人和数据之间的长久博弈。

第二层面是技术。技术是大数据价值体现的手段和前进的基石。在这里分别从云计算、分布式处理技术、存储技术和感知技术的发展来说明大数据从采集、处理、存储到形成结果的整个过程。

第三层面是实践。实践是大数据的最终价值体现。在这里分别从互联网的大数据、政府的大数据、企业的大数据和个人的大数据 4 个方面来描绘大数据已经展现的美好景象及即将实现的蓝图。

Big Data 作为一个专有名词成为热点，主要应归功于近年来互联网、云计算、移动互联网和物联网的迅猛发展。无所不在的移动设备、RFID、无线传感器每分每秒都在产生数据，数以亿计用户的互联网服务时时刻刻在产生巨量的交互。要处理的数据量实在是太大、增长太快了，而业务需求和竞争压力对数据处理的实时性、有效性又提出了更高的要求，传统的常规技术手段根本无法应付。

在这种情况下，技术人员纷纷研发和采用了一批新技术，主要包括分布式缓存、基于 MPP 的分布式数据库、分布式文件系统、各种 NoSQL 分布式存储方案等。

2000 年 7 月，加州大学 Berkeley 分校 Eric Brewer 教授提出了著名的 CAP（Consistency 一致性，Availability 可用性，Partition Tolerance 分区容忍性）猜想。两年后，来自麻省理工学院的 Seth Gilbert 和 Nancy Lynch 从理论上证明了 CAP，从此 CAP 定理成为分布式计算领域公认的定理。CAP 定理指出：一个分布式系统不可能满足一致性（Consistency）、可用性（Availability）和分区容忍性（Partition Tolerance）这三个需求，最多只能同时满足两个。系统的关注点不同，采用的策略也不一样。只有真正理解了系统的需求，才有可能利用好 CAP 定理。

架构师一般从以下两个方向来利用 CAP 理论。

- ❑ Key-Value 存储，如 Amazon Dynamo 等，可以根据 CAP 理论灵活选择不同倾向的数据库产品。
- ❑ 领域模型+分布式缓存+存储，可根据 CAP 理论结合自己的项目定制灵活的分布式方案，但难度较高。

对大型网站，可用性与分区容忍性优先级要高于数据一致性，一般会尽量朝着 A、P 的方向设计，然后通过其他手段保证对于一致性的商务需求。架构设计师不要将精力浪费在如何设计能满足三者的完美分布式系统，而应该懂得取舍。不同的数据对一致性的要求是不同的。SNS 网站可以容忍相对较长时间的不一致，而不影响交易和用户体验；而像支付宝这样的交易和账务数据则是非常敏感的，通常不能容忍超过秒级的不一致。

在大数据相关技术中，包括缓存、分布式数据库、分布式文件系统等相关技术，以下分而述之。

1. 缓存

缓存在 Web 开发中运用越来越广泛，memcached 是 danga.com（运营 LiveJournal 的技术团队）开发的一套分布式内存对象缓存系统，用于在动态系统中减少数据库负载，提升性能。memcached 具有以下特点：协议简单；基于 libevent 的事件处理；内置内存存储方式；memcached 不互相通信的分布式，其架构如图 1.21 所示。

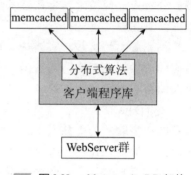

memcached 处理的原子是每一个（Key，Value）对（以下简称 KV 对），Key 会通过一个 Hash 算法转换成 Hash-Key，便于查找、对比以及做到尽可能的散列。同时，memcached 用的是一个二级散列，通过一张大的 Hash 表来维护。

图 1.21　MemcacheDB 架构

memcached 由两个核心组件组成：服务端（ms）和客户端（mc）。在一个 memcached 的查询中，ms 先通过计算 Key 的 Hash 值来确定 KV 对所处在的 ms 位置。当 ms 确定后，mc 就会发送一个查询请求给对应的 ms，让它来查找确切的数据。因为这之间没有交互以及多播协议，所以 memcached 交互带给网络的影响是最小化的。

MemcacheDB 是一个分布式、Key-Value 形式的持久存储系统。它不是一个缓存组件，而是一个基于对象存取的、可靠的、快速的持久存储引擎。协议与 memcached 一致（不完整），所以很多 memcached 客户端都可以跟它连接。MemcacheDB 采用 Berkeley DB 作为持久存储组件，因此很多 Berkeley DB 的特性都支持。

类似这样的产品也有很多，如淘宝 Tair 就是 Key-Value 结构存储。后来 Tair 也做了一个持久化版本，思路基本与新浪的 MemcacheDB 一致。

2. 分布式数据库

支付宝公司在国内最早使用 Greenplum 数据库，将数据仓库从原来的 Oracle RAC 平台迁移到 Greenplum 集群。Greenplum 强大的计算能力用来支持支付宝日益发展的业务需求。

Greenplum 数据引擎软件是专为新一代数据仓库所需的大规模数据和复杂查询所设计的，是基于 MPP（海量并行处理）和 Shared-Nothing（完全无共享）架构，基于开源软件和 x86 商用硬件设计（性价比更高）。

3. 分布式文件系统

谈到分布式文件系统，不得不提的是 Google 的 GFS。基于大量安装有 Linux 操作系统的普通 PC 构成的集群系统，整个集群系统由一台 Master（通常有几台备份）和若干台 TrunkServer 构成。GFS 中文件备份成固定大小的 Trunk 分别存储在不同的 TrunkServer 上，每个 Trunk 有多份（通常为三份）拷贝，也存储在不同的 TrunkServer 上。Master 负责维护 GFS 中的 Metadata，即文件名及其 Trunk 信息。客户端先从 Master

数据库开发技术标准教程

上得到文件的 Metadata，根据要读取的数据在文件中的位置与相应的 TrunkServer 通信，获取文件数据，如图 1.22 所示（来自 Facebook 工程师做的 Hive 和 Hadoop 的关系图）。

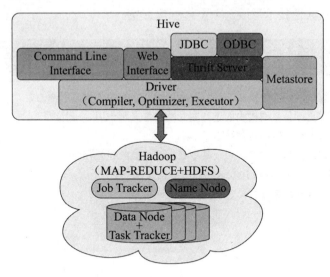

图 1.22　Hive 与 Hadoop 关系图

在 Google 的论文发表后，就诞生了 Hadoop。截至今日，Hadoop 被很多中国互联网公司所追捧，百度的搜索日志分析，腾讯、淘宝和支付宝的数据仓库都可以看到 Hadoop 的身影。

Hadoop 具备低廉的硬件成本、开源的软件体系、较强的灵活性、允许用户自己修改代码等特点，同时能支持海量数据存储和计算任务。

Hive 是一个基于 Hadoop 的数据仓库平台，Hive 上的操作都被转换为相应的 MapReduce 程序，之后在 Hadoop 中运行。通过 Hive，开发人员可以方便地进行 ETL 开发。ETL 是 Extract-Transform-Load 的缩写，用来描述将数据从来源端经过抽取（extract）、转换（transform）、加载（load）至目的端的过程。

4. NoSQL 数据库

随着数据量增长，越来越多的人关注 NoSQL，特别是 2010 年下半年，Facebook 选择 HBase 来做实时消息存储系统，替换原来开发的 Cassandra 系统，这使得很多人开始关注 HBase。Facebook 选择 HBase 是基于短期小批量临时数据和长期增长的很少被访问到的数据这两个需求来考虑的。

HBase 是一个高可靠性、高性能、面向列、可伸缩的分布式存储系统，利用 HBase 技术可在廉价 PC Server 上搭建大规模结构化存储集群。HBase 是 BigTable 的开源实现，使用 HDFS 作为其文件存储系统。Google 运行 MapReduce 来处理 BigTable 中的海量数据，HBase 同样利用 MapReduce 来处理 HBase 中的海量数据；BigTable 利用 Chubby 作为协同服务，HBase 则利用 Zookeeper 作为对应。

近年来，NoSQL 数据库的使用越来越普及，几乎所有的大型互联网公司都在这个领域进行着实践和探索。在享受了这类数据库与生俱来的扩展性、容错性、高读写吞吐外（尽管各主流 NoSQL 仍在不断完善中），越来越多的实际需求把人们带到了 NoSQL 并不擅长的其他领域，比如搜索、准实时统计分析、简单事务等。实践中一般会在 NoSQL 的外围组合一些其他技术形成一个整体解决方案。

习题 1

1. 在数据库发展的历史阶段中，应用程序和数据之间的关系是怎样的？
2. 简要说明数据库体系结构中的逻辑独立性的含义和作用。
3. 简要说明常见的数据库访问技术。
4. 说明多层软件架构的含义，以及其中数据访问层的任务和作用。
5. 说明 XML 的特点，以及在数据存储和数据交换中的应用。
6. 调研说明大数据在某一两个领域中的典型应用案例。

第 2 章

数据库管理系统

　　数据库是数据管理的新技术，始于 20 世纪 60 年代末，经过四十多年的发展，已经形成理论体系，成为计算机软件的一个重要分支。进入 21 世纪，数据库技术、网络技术和知识推理及知识发现技术相互融合，表现出更加强劲的发展势头和旺盛的生命力。数据库技术主要研究如何存储、使用和管理数据，是计算机数据管理技术发展的重要阶段。本章介绍关系数据库管理系统的一些重要概念、基本特点和主要内容，为后面的学习打下基础。

数据库技术始于 20 世纪 60 年代,是为满足数据管理任务的需要而产生的。数据处理是对各种数据进行收集、存储、加工和传播的一系列活动的总和。数据管理是对数据进行分类、组织、编码、存储、检索和维护,它是数据处理的中心问题。

2.1.1 数据和数据模型

数据库按照数据间固有的逻辑关系组织存放。数据库管理系统(DataBase Management System,DBMS)是管理数据库并为用户提供服务的软件。传统数据库中的数据是存放在外存上的永久性数据。

1. 数据

为了了解世界、研究世界和交流信息,人们需要描述各种事物。用自然语言描述事物虽然很直接,但过于烦琐,不便于计算机处理。为此,需要抽取出感兴趣的事物特征或者属性来描述事物。例如,可以用如下信息描述一位客户:(001,张三,北京朝阳区亚运村,66000066,1001001)。这样的一行数据,在数据库领域称为一条记录。单看这一行数据很难知道其确切含义,它必须在一定的数据环境中才有意义。用某种形式来说明这组数据,就可以得到数据的确切含义:(编号,姓名,地址,电话,邮编)。这称为数据的型,上述的客户信息称为数据值。"型"是数据的描述,指明事物有什么属性,并规定取值类别和范围(类型)等。"值"是型的一个具体赋值。

2. 数据模型

模型是表示事物本质的方法,是对事物、对象、过程等客观现实中感兴趣内容的模拟和抽象,是理解系统的思维工具。数据模型也是一种模型,是对现实世界数据特征的抽象,用于描述数据、组织数据和对数据进行操作。

根据模型应用目的,可以将模型分为两大类。一类是面向用户的,称为概念模型,也称为信息模型;另一类是面向计算机系统的逻辑模型和物理模型。

1)概念模型

概念模型从数据的应用角度来抽取模型并按用户的观点对数据和信息进行建模。这类模型主要用于数据库设计阶段,它与具体的数据库管理系统无关。

常用的概念模型有实体-联系(Entity-Relationship,E-R)模型、语义对象模型等。E-R 模型是 1976 年由 P. P. S. Chen 提出的,它拥有大量的支持者,是目前描述信息结构最常用的方法。E-R 模型中的关键信息包括实体、属性和联系。

实体是具有公共性质的可相互区别的现实世界对象的集合。实体可以是具体的事物,也可以是抽象的概念或联系。例如,商品、客户、销售员都是具体的实体,而销售员销售商品,客户购买商品也可以看成实体,但它们是抽象的实体。

在 E-R 图中用矩形框表示实体,把实体名写在框内。例如,图 2.1(a)中"部门经理"和"部门"就是具体的实体。实体中的每个具体的记录值,比如员工实体中的每个具体的销售员,称为实体的一个实例。

每个实体都具有一定的特征或性质,根据实体的特征来区分一个个实例。属性就是描述实体或者联系的数据项,是一个实体的所有实例都具有的共同性质。例如,商品的编号、名称、型号、价格等都是商品实体的特征,这些特征构成了商品实体的属性。属性在E-R图中用椭圆表示,并用连线将属性与实体联系起来,如图2.1(b)所示。

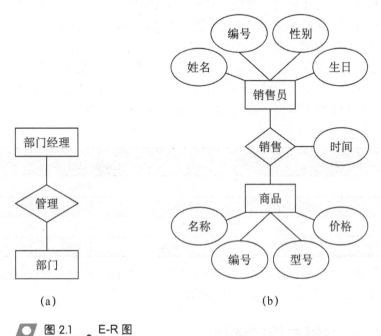

(a)　　　　　　　　　　(b)

图 2.1　　● E-R 图

现实世界中,事物内部以及事物之间是有联系的,这些联系在信息世界反映为实体内部的联系和实体之间的联系。实体内部的联系通常指实体的各属性之间的联系;实体之间的联系通常指不同实体之间的联系。例如,在职工实体中,假设有职工号、部门经理号等属性,其中,部门经理号和职工号采用的是一套编码方式。部门经理也是职工,因此部门经理号和职工号之间有一种关联约束关系,即部门经理号的取值受限于职工号,这就是实体内部的联系。销售员和商品之间也有联系,这种联系就是实体之间的联系。

两实体之间的联系可以分为以下三类。

一对一联系(1:1):如果实体 A 中的每个实例在实体 B 中至多有一个(也可以没有)实例与之关联,反之亦然,则称实体 A 与实体 B 具有一对一联系,记为 1:1。例如,部门和经理(假设一个部门只有一个经理)就是一对一联系。

一对多联系(1:n):如果实体 A 中的每个实例在实体 B 中有 n 个实例($n \geq 0$)与之关联,而实体 B 中的每个实例在实体 A 中最多有一个实例与之关联,则称实体 A 与实体 B 具有一对多联系,记为 1:n。假设一个部门有若干个职工,而一个职工只在一个部门工作,则部门和职工之间就是一对多联系。

多对多联系(m:n):如果实体 A 中的每个实例在实体 B 中有 n 个实例($n \geq 0$)与

之关联，而实体 B 中的每个实例在实体 A 中也有 m 个实例（$m \geqslant 0$）与之关联，则称实体 A 与实体 B 具有多对多联系，记为 $n:m$。例如，一个销售员可以销售多种商品，一种商品也可以被多个销售员销售，因此销售员与商品之间就是多对多联系。

2）逻辑模型

数据库的逻辑模型有：层次模型、网状模型、关系模型、对象-关系模型等。本章重点讨论关系模型。

关系模型是目前最重要的一种数据模型，由 IBM 公司的研究员 E. F. Codd 在 1970 年首次提出，为数据库技术奠定了理论基础。20 世纪 80 年代以来，计算机厂商新推出的数据库管理系统几乎都支持关系模型。关系模型源于数学，它用二维表来组织数据，而这个二维表在关系数据库中就称为"关系"；关系数据库就是"关系"的集合。

在关系系统中，表是逻辑结构而不是物理结构。实际上，系统在物理层可以使用任何有效的存储结构来存储数据。表 2.1 是商品信息的关系模型。

表 2.1 商品信息表

商品编号	品名	价格	产地	生产商
0001	电话	200	上海	贝尔
0002	电视	1550	北京	牡丹
0003	洗衣机	900	青岛	海尔
0004	相机	2000	美国	柯达

"商品"是一个关系，由品名、价格、产地、生产商这些相关属性描述。用关系表示实体以及实体之间联系的模型称为关系模型。

2.1.2 三级模式结构体系

考察数据库系统的结构可以有不同的层次和不同的角度。从数据库管理系统角度看，数据库系统通常采用三级模式结构，这是数据库管理系统内部的数据结构。

在数据模型中有"型"（Type）和"值"（Value）的概念。型是指对某一类数据的结构和属性的说明，值是型的一个具体赋值。例如，客户记录定义为（客户号，姓名，单位）这样的记录型，而（2007040612，张三，北京科技公司）则是该记录型的一个记录值。

模式（Schema）是数据库中全体数据的逻辑结构和特征的描述，它仅涉及型的描述，不涉及具体的值。模式的一个具体值称为模式的一个实例（Instance）。同一个模式可以有很多实例。模式是相对稳定的，而实例是相对变动的，因此数据库中的数据是在不断更新的。模式反映的是数据的结构及其联系，而实例反映的是数据库某一时刻的状态。虽然实际的数据库管理系统产品种类很多，它们支持不同的数据模型，使用不同的数据库语言，建立在不同的操作系统之上，数据的存储结构也各不相同，但它们在体系结构上通常都具有相同的特征，即采用三级模式结构。

美国国家标准委员会（ANSI）所属标准计划和要求委员会在 1975 年公布了一个关于数据库标准的报告，提出了数据库的三级模式结构，这就是著名的 SPACE 分级结构。

三级结构对数据库的组织从内到外分为三个层次，分别为内模式、概念模式和外模式，如图 2.2 所示。

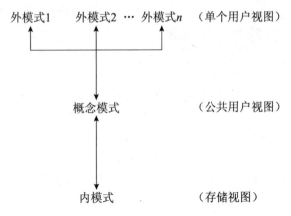

外模式1　外模式2　…　外模式*n*　（单个用户视图）

概念模式　　　　（公共用户视图）

内模式　　　　　（存储视图）

图 2.2　数据库系统的三级模式结构

1. 内模式

内模式又称存储模式，描述数据在存储介质上的组织存储。内模式是系统程序员用一定的文件形式组织起来的一个个存储文件和联系手段，实现数据存取。一个数据库只有一个内模式。

2. 概念模式

概念模式简称模式，是对数据库的整体逻辑结构和特征的描述，也是所有用户的公共数据视图。模式是数据的逻辑结构，一个数据库只有一个模式。模式不涉及数据的物理存储细节和硬件环境，与具体的应用程序及使用的开发工具无关。定义模式时不仅要定义数据的逻辑结构，也要定义数据之间的联系，定义与数据有关的安全性、完整性要求等。

3. 外模式

外模式通常是模式的一个子集，故又称外模式为子模式。外模式面向用户，它是数据库用户能够看到和使用的局部数据的逻辑结构和特征的描述，与应用有关的数据的逻辑表示。一个数据库可以有多个外模式，每一个外模式都是为了不同的应用建立的数据视图。外模式是保证数据库安全的一个有力措施，每个用户只能看到和访问到所对应的外模式中的数据。

综上所述，模式是内模式的逻辑表示，内模式是模式的物理实现，外模式则是模式的部分抽取。三个模式反映出数据库的三种不同观点：内模式表示物理级数据库，体现了对数据库的存储观；模式表示了概念级的数据库，体现了对数据库的总体观；外模式表示了用户级数据库，体现了对数据库的用户观。总体观和存储观只有一个，而用户观可能有多个。

数据库系统的三级模式是对数据的三级抽象，数据的具体组织由数据库管理系统负责，使用户能够逻辑地处理数据，而不必关心数据在计算机内部的具体表示与存储方式。为了在内部实现这三个抽象层次的转换，数据库管理系统在这三级模式中提供了两级映像：外模式/模式映像和模式/内模式映像。

1. 外模式/模式映像

外模式/模式映像就是存在外模式与模式之间的某种对应关系，这些映像定义通常包含在外模式的描述中。

当模式改变时，例如，增加了一个新表或对表进行了修改，数据库管理员对各个外模式/模式的映像做相应的修改，而使外模式保持不变，这样应用程序就不用修改。因为应用程序是基于外模式的处理，所以保证了数据与程序的逻辑独立性，简称数据的逻辑独立性。

2. 模式/内模式映像

模式/内模式映像是数据库全局逻辑结构与存储结构之间的对应关系。当数据库的内模式发生改变时，例如，存储数据库的硬件设备或存储方式发生改变，由于存在模式/内模式映像，使得数据的逻辑结构保持不变，即模式不变。保证了数据与应用程序的物理独立性，简称数据的物理独立性。

2.1.3 数据库管理系统

数据库管理系统（DataBase Management System，DBMS）是处理数据库访问的系统软件，主要有以下功能。

1. 数据定义

数据库管理系统能够接受数据库定义的源形式，并把它们转换成相应的目标形式，支持各种数据定义语言（DDL）的处理器或编译器。

2. 数据组织、存储和管理

数据库管理系统要分类组织、存储和管理各种数据，包括数据字典、用户数据、数据的存取路径等。要确定以何种文件结构和存取方式在存储级上组织这些数据，如何体现数据之间的联系等。

3. 数据操纵

数据库管理系统提供数据操纵语言（Data Manipulation Language，MDL），用户可以使用它操纵数据，实现对数据库的插入、删除、修改、查询等操作。

4. 数据库的事务管理和运行管理

数据库在建立、运行和维护时由数据库管理系统统一管理和控制，以保证事务的正确运行，保证数据的安全性、完整性、多用户对数据的并发使用及发生故障后的系统恢复。

5. 数据库的建立和维护

数据库的建立和维护功能包括数据库初始数据的输入、转换、恢复功能，数据库的重组织功能、性能监视、分析等功能。

2.2 关系数据库

关系数据库是当前信息管理系统中最常用的数据库，关系数据库采用关系模式，应用关系代数的方法来处理数据库中的数据。

2.2.1 关系的基本概念

1. 关系的数学定义

1）域

域（Domain）：一组具有相同数据类型的值集合。例如，{自然数}，{男，女}，{0，1}等都可以是域。

基数：一个域允许的不同取值个数称为这个域的基数。

[例2.1]

D_1 = {张三，李四，王五}，表示姓名的集合，基数是3。

D_2 = {销售部，人事部}，表示部门的集合，基数是2。

2）笛卡儿积

给定一组域 D_1，D_2，…，D_i，…，D_n（可以有相同的域），则笛卡儿积定义为：

$D_1D_2 \cdots D_i \cdots D_n = \{ (d_1, d_2, \cdots, d_i, \cdots, d_n) \mid d_i \in D_i, i = 1, 2, \cdots, n \}$

例2.1中的 D_1 与 D_2 的笛卡儿积为：

D_1D_2 = {（张三，销售部），（张三，人事部），（李四，销售部），（李四，人事部），（王五，销售部），（王五，人事部）}

其中，每个（d_1，d_2，…，d_i，…，d_n）叫作元组，元组中的每一个值 d_i 叫作分量，d_i 必须是 D_i 中的一个值。

显然，笛卡儿积的基数就是构成该积所有域的基数累乘积，若 D_i（$i = 1$，2，…，n）为有限集合，其基数为 m_i（$i = 1$，2，…，n），则 $D_1D_2 \cdots D_i \cdots D_n$ 笛卡儿积的基数 M 为：

$$M = \prod_{i=1}^{n} m_i$$

例2.1中的 D_1 与 D_2 的笛卡儿积的基数是 $M = m_1m_2 = 3 \times 2 = 6$，即该笛卡儿积共有6个元组，它可组成一张二维表，如表2.2所示。

表 2.2　D_1 与 D_2 的笛卡儿积

姓名	部门
张三	销售部
张三	人事部
李四	销售部
李四	人事部
王五	销售部
王五	人事部

3）关系

关系（Relation）：笛卡儿积 $D_1 D_2 \cdots D_i \cdots D_n$ 的子集 R 称作在域 D_1，D_2，…，D_n 上的关系，记作：

$$R（D_2，D_2，\cdots，D_i \cdots，D_n）$$

其中，R 为关系名，n 为关系的度或目（Degree），D_i 是域组中的第 i 个域名。

当 $n=1$ 时，称该关系为单元关系；

当 $n=2$ 时，称该关系为二元关系；

以此类推，若关系中有 n 个域，称该关系为 n 元关系。一般来说，一个取自笛卡儿积的子集才有意义如表 2.3 所示。

表 2.3　D_1 与 D_2 的笛卡儿积子集

姓名	部门
张三	销售部
李四	人事部
王五	销售部

关系可以分为以下三种类型。

- ❑ 基本关系（又称基本表）：是实际存在的表，它是实际存储数据的逻辑表示。
- ❑ 查询表：是对基本表进行查询后得到的结果表。
- ❑ 视图表：是由基本表或其他视图导出的表，是一个虚表，不对应实际存储的数据。

2. 关系的性质

（1）列是同质的。即每一列中的分量是同一类型的数据，来自同一个域。表 2.4 中姓名来自姓名域，性别来自性别域，部门都是部门域内的数据。

表 2.4　员工信息表

员工编号	姓名	性别	部门	生日
100020	张三	男	销售部	1980-8-7
100021	李四	女	人事部	1975-6-8
200022	王五	男	销售部	1981-11-25

（2）关系中行的顺序、列的顺序可以任意互换，不会改变关系的意义。

例如，表 2.4 中，第一行与第三行交换位置不会影响关系的意义。

（3）关系中的任意两个元组不能相同。

如员工信息表中，不允许出现元组相同的情况。表 2.5 是不允许的。

表 2.5　错误的信息表

员工编号	姓名	性别	部门	生日
100020	张三	男	销售部	1980-8-7
100021	李四	女	人事部	1975-6-8
100021	李四	女	人事部	1975-6-8

（4）关系中的元组分量具有原子性。

即每一个分量都必须是不可分的数据项。

3. 关系的属性和码

（1）属性（Attribute）。

表中的一列即为一个属性，为每一个属性赋一个名称即属性名。例如，表 2.4 中有 5 列，即对应 5 个属性，分别是：员工编号、姓名、性别、部门、生日。

（2）候选码（Candidate Key）。

若关系中的某一属性组的值能唯一地标识一个元组，则称该属性组为候选码（也称候选键）。

（3）主码（Primary Key）。

若一个关系中有多个候选码，则选定一个为主码（也称主键）。

2.2.2　关系模型

关系模型源于数学，用二维表来组织数据。这个二维表在关系数据库中称为"关系"。关系数据库就是"关系"的集合。在关系系统中，用户感觉数据就是一张张表。表是逻辑结构而不是物理结构，实际上在物理层可以使用任何有效的存储结构来存储数据。比如，有序文件、索引、哈希表、指针等。因此，表是对物理存储数据的一种抽象表示，对很多存储细节的抽象，如存储记录的位置、记录的顺序、数据值的表示以及记录的访问结构。用关系表示实体以及实体之间联系的模型称为关系数据模型。关系模型由关系数据结构、关系操作集合和关系完整性约束三部分组成。

1. 关系模型的数据结构

关系模型的数据结构非常简单，即为关系。关系，就是二维表，它满足三个条件：关系表中的每一列都是不可再分的基本属性；表中各属性不能重名；表中的行、列次序并不重要，即可以交换行、列的次序。例如，表 2.5 中"部门"和"生日"次序的变换不影响表达的语义。

2. 关系操作

关系操作的特点是集合操作，即操作的对象和结果都是集合。关系模型的数据操作主要包括查询、插入、删除和修改数据。早期的关系操作能力通常用代数方式或逻辑方式来表示，分别称为关系代数和关系演算。关系代数和关系演算均是抽象的查询语言，另外还有一种介于关系代数和关系演算之间的 SQL（Structured Query Language）。SQL 不仅具有丰富的查询功能，还具有数据定义和数据控制的功能，充分体现了关系数据语言的特点和优点，已经成为关系数据库的标准语言。

3. 关系的完整性

关系模型的完整性规则是对关系的某种约束条件。关系模型中可以有三类完整性约束：实体完整性、参照完整性和用户定义的完整性。其中，实体完整性和参照完整性是关系模型必须满足的完整性约束条件，称为关系的两个不变性。

1）实体完整性

关系模型使用主码作为元组的唯一标识，主码所包含的属性称为关系的主属性。实体完整性指关系数据库中所有表都必须有主码，并且主属性不能取空值（NULL）。

例如，商品信息表中"商品编号"为主码，则"商品编号"不能取空值。如果主码由多个主属性构成，则每个主属性均不可为空。例如，订单关系中的订单（客户号，商品号，时间，数量），"客户号"和"商品号"为订单表的主码，则"客户号"和"商品号"两个属性都不能取空值。

实体完整性规则是针对基本关系而言的。关系模型中的每一行记录都对应客观存在的一个实例或一个事实。现实世界中的实例是可以区分的，其中的某些属性唯一地标识了该实例，对应到关系模型中即主码。主码为空，意味着该实体不可区分，是模糊的实体，这在数据库中是不允许的。

2）参照完整性

参照完整性有时也称为引用完整性。现实世界中的实体之间往往存在着某种联系，在关系模型中，实体以及实体之间的联系都是用关系来表示的，这样就自然产生了关系与关系之间的引用关系。参照完整性就是描述实体之间的引用的。

3）用户定义的完整性

用户定义的完整性也称为域完整性或语义完整性。任何关系数据库系统都应该支持实体完整性和参照完整性。除此之外，不同的数据库应用系统根据应用环境不同，往往还需要一些特殊的约束条件，用户定义的完整性是针对某一具体应用领域定义的数据库约束条件，例如，要求表中某属性的数据具有正确的数据类型、格式和有效的数据范围等。

数据库设计时，需将 E-R 图转换为关系模式。前面分析过的销售员销售商品 E-R 图如图 2.3 所示。

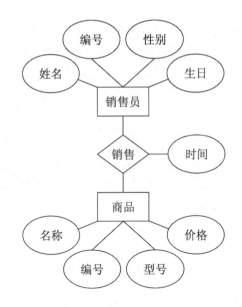

图 2.3　　销售员销售商品 E-R 图

将其转换为关系模式如下。

销售员（销售员编号，姓名，性别，生日），主码为销售员编号。

商品（商品编号，名称，型号，价格），主码为商品编号。

销售员-商品（销售员编号，商品编号，时间），主码为销售员编号和商品编号。

2.3　关系数据库规范化理论

提出规范化问题的背景是需要处理数据冗余以及由此带来的操作异常现象。请看如表 2.6 所示的客户购买商品表，其中，客户编号和商品编号为主码。观察上述表格，可以发现该关系模式中存在着数据冗余，主要表现在客户姓名和品名重复多次。

表 2.6　　客户购买商品表

客户编号	姓名	商品编号	品名	单价	数量	时间
C001	张三	P0210	数码相机	2000	1	20060503
C001	张三	P0547	PDA	4100	1	20060712
C003	刘红	P0547	PDA	4100	2	20061202

也存在更新异常，主要表现在以下几方面。

❑　修改异常：如果修改一种商品的名称，或者修改一位顾客的信息，则在客户购买商品表中要修改多个元组。如果部分修改，部分不修改，则会出现数据的不一致。

❑　插入异常：实体完整性的约束要求主属性不能取空值。如果某种商品还没有被购买，则此商品的编号和名称就不能插入表中。如果顾客没有购买商品，也无法插入顾客信息。

❑　删除异常：如果要删除所有顾客的信息，则商品的信息也将丢失。

数据冗余不仅会浪费存储空间，而且可能造成数据的不一致。插入异常是在不规范的数据表中插入数据时由于实体完整性约束要求（主码不能为空）的限制，而使有用数据无法插入。删除异常是，当不规范的数据表中某条需要删除的元组中包含一部分有用数据时，就会出现删除困难。解决上述问题的方法是将不规范的关系分解成为多个关系，使得每个关系中只包含一个实体的数据，图 2.4 是规范化处理后的关系模式。

客户编号	姓名
C001	张三
C003	刘红

（a）客户信息

商品编号	品名	单价
P0210	数码相机	2000
P0547	PDA	4100

（b）商品信息

客户编号	商品编号	数量	时间
C001	P0210	1	20060503
C001	P0547	1	20060712
C003	P0547	2	20061202

（c）客户购买商品

图 2.4　规范化处理后的关系模式

分解后的关系模式可以解决数据冗余与更新异常的问题。但是，改进后的关系模式也存在另一个问题，当查询客户购买商品信息时需要将两个关系连接后方能查询，而关系连接的代价也是很大的。那么，什么样的关系需要分解？分解关系模式的理论依据又是什么？分解完后能否完全消除上述三个问题？回答这些问题需要理论指导。

2.3.1　函数依赖

在关系客户（客户编号，姓名，住址，联系方式）中只要给出客户编号就可以唯一地确定客户姓名、住址、联系方式等信息。客户编号是决定因素，客户编号决定住址，住址函数依赖于客户编号。

因此，函数依赖是属性之间的一种联系。在关系 R 中，X、Y 为 R 的两个属性或属性组，如果对于 R 的所有关系都存在：对于 X 的每一个具体值，Y 都只有一个具体值与之对应，则称属性 Y 函数依赖于属性 X。或者说，属性 X 函数决定属性 Y，记作 $X \rightarrow Y$。其中，X 叫作决定因素，Y 叫作被决定因素。如果属性 X 函数不能决定属性 Y，记作 $X \nrightarrow Y$。

上述定义可简言之：如果属性 X 的值决定属性 Y 的值，那么属性 Y 函数依赖于属性 X。换一种说法：如果知道 X 的值，就可以获得 Y 的值，则可以说 X 决定 Y。

前面学习的属性间的三种关系：一对一关系（1:1）、一对多关系（1:n）、多对多关系（m:n），并不是每种关系中都存在着函数依赖。

（1）如果 X、Y 间是 1:1 关系，则存在函数依赖：$X \longleftrightarrow Y$。

（2）如果 X、Y 间是 1:n 关系，则存在函数依赖：$X \rightarrow Y$ 或 $Y \rightarrow X$（多方为决定因素）。

（3）如果 X、Y 间是 m:n 关系，则不存在函数依赖。

注意，属性间的函数依赖不是指关系的某个或某些关系子集满足上述限定条件，而是指关系的一切关系子集都要满足定义中的限定。只要有一个具体的关系 r（是关系 R 的一个关系子集）不满足定义中的条件，就破坏了函数依赖，函数依赖不成立。

[例 2.2]　商品购买（客户编号，客户姓名，商品编号，品名，单价，数量，总价）

此关系的决定因素为（客户编号　商品编号），"单价"函数依赖于（客户编号　商品编号）。如果进一步分析会发现决定"单价"的只有"商品编号"，与"客户编号"无关。

这种依赖关系称为部分依赖。部分依赖的定义是：

如果 $X \rightarrow Y$，并且对于 X 的任何一个真子集 X' 都有 $X' \not\rightarrow Y$，则称 Y 对 X 完全函数依赖。

若 $X \rightarrow Y$，但 Y 不完全函数依赖于 X，则称 Y 对 X 部分函数依赖。

[例 2.3]　员工（员工编号，员工姓名，所在部门，部门经理），主码为员工编号

假设一个部门只有一个部门经理。整个关系模式中没有部分依赖，但是可以发现员工编号→所在部门，所在部门→部门经理，因此员工编号→部门经理。一般把这种依赖关系称为"传递依赖"。

至此，讨论了关系属性间的三种联系：完全依赖、部分依赖、传递依赖。关系属性间的依赖关系与关系的更新异常有着密切的联系。

2.3.2　码

设有关系模式 R（U，F），R 是关系名，U 是一组属性，F 是属性组 U 上的一组数据依赖。K 是关系模式 R（U，F）中的属性或属性组，K' 是 K 的任一子集。若 $K \rightarrow U$，而不存在 $K' \rightarrow U$，则 K 为 R 的候选码（Candidate Key）。

[例 2.4]　学生（学号，姓名，年龄，性别）

这个关系中若每个学生不允许重名，学号→年龄，学号→性别，学号←→姓名，姓名→年龄，姓名→性别。故学号、姓名是两个候选码。

[例 2.5]　学生选课（学号，课程号，成绩）

（学号,课程号）是一个候选码。

若候选码多于一个，则选其中的一个为主码（Primary Key）；包含在任一候选码中的属性，叫作主属性（Primary Attribute）；不包含在任何码中的属性称为非主属性（Nonprime Attribute）或非码属性（Nonkey Attribute）。

例 2.4 中，选定学号为主码，学号、姓名是主属性，年龄、性别为非主属性。

关系模式中，最简单的情况是单个属性是码，称为单码（Single Key）；最极端的情况是整个属性组是码，称为全码（All-Key）。

[例 2.6]　销售（销售员，商品名，客户）

假设销售员可以销售多件商品给多个客户，某件商品可以被多个销售员销售，每个客户也可以从不同的销售员购买不同的商品。因此，这个关系模式的码为（销售员，商品名，客户），即全码。

外码：设有两个关系 R 和 S，X 是 R 的属性或属性组，并且 X 不是 R 的码，但 X 是 S 的码（或与 S 的码意义相同），则称 X 是 R 的外部码（Foreign Key），简称**外码**或**外键**。

[例 2.7]　职工（职工号，姓名，性别，职称，部门号）

　　　　　　部门（部门号，部门名，电话，负责人）

其中，职工关系中的"部门号"就是职工关系的一个外码。

在此需要注意，在定义中说 X 不是 R 的码，并不是说 X 不是 R 的主属性。X 不是码，但可以是码的组成属性，或者是任一候选码中的一个主属性。

[例 2.8]　学生（学号，姓名，性别，年龄，…）
　　　　　课程（课程号，课程名，任课老师，…）
　　　　　选课（学号，课程号，成绩）

（学号，课程号）是选课关系的主码。学号、课程号是选课关系的主属性（但单独不是码），同时又分别是学生关系和课程关系的主码，所以学号和课程号是选课关系的两个外码。

关系间的联系，可以通过主码和外码的取值来建立。所以，主码和外码提供了表示关系间联系的途径。

2.3.3　范式

设计不规范的关系模式有可能产生数据冗余与更新异常，那么什么样的关系模式可以避免这些问题？解决这个问题需要关系规范化理论。

关系数据库中的关系要满足一定的要求。满足最低要求的叫第 1 范式，简称 1NF（First Normal Form）。在第 1 范式中进一步满足一些要求的关系属于第 2 范式，简称 2NF，以此类推，还有 3NF、BCNF、4NF、5NF。

所谓"第几范式"是表示关系模式满足的条件，所以经常称某一关系模式为第几范式的关系模式。也可以把这个概念理解为符合某种条件的关系模式的集合，因此 R 为第几范式的关系模式也可以写为 $R \in x$NF。

对关系模式的属性间的函数依赖加以不同的限制就形成了不同的范式。这些范式是递进的，即如果一张表是 1NF 的，它比不是 1NF 的要好；同样，2NF 的关系要比 1NF 的好……各种范式之间的联系为：5NF $\subset$ 4NF $\subset$ BCFN $\subset$ 3NF $\subset$ 2NF $\subset$ 1NF。一个低一级范式的关系模式，通过模式分解可以转换为若干个高一级范式的关系模式的集合，这种过程叫作规范化。

1. 第 1 范式（1NF）

定义：如果一个关系模式 R 的所有属性都是不可分的基本数据项，则 $R \in$ 1NF。

1NF 是对关系模式的最起码的要求，不满足 1NF 的数据库模式不能称为关系数据库。表 2.7 所示示例不是第 1 范式，因为这张表中"客户数目"不是基本数据项，它是由两个基本数据项组成的一个复合数据项。转换为第 1 范式的方法为将不是基本数据项的内容分解为若干不可再分的基本数据项，表 2.8 所示为符合第 1 范式要求的关系。

表 2.7　非第 1 范式的表

部门名称	客户数目	
	普通客户	VIP 客户
食品部	300	25
家电部	200	18
图书部	400	30

表2.8　第1范式的表

部门名称	普通客户	VIP 客户
食品部	300	25
家电部	200	18
图书部	400	30

关系（客户编号，客户姓名，商品编号，品名，单价，数量，总价）符合第1范式。但是，如果一件商品被多名顾客购买，则商品信息要重复多次。可见，满足第1范式的关系依然可能会存在数据冗余。如果一件商品还没有被顾客购买，则此种商品的信息就无法插入，说明也可能存在插入异常。同理可以发现存在删除和修改异常。

2. 第2范式（2NF）

定义：若关系模式 $R \in 1NF$，并且每一个非主属性都完全函数依赖于 R 的主码，则 $R \in 2NF$。若 $R \in 2NF$，则 $R \in 1NF$。

[例2.9]　客户购买商品（客户编号，客户姓名，商品编号，品名，单价，数量，总价）

客户编号和商品编号为主码，用下画线表示（关系中出现下画线的属性均表示主码）。此例中存在部分依赖：客户姓名部分依赖于客户编号，（品名，单价）部分依赖于商品编号，不满足每一个非主属性都完全函数依赖于码的规定，因此它不是 2NF 的。

将不是 2NF 的关系改造为符合 2NF，可以采用模式分解的方法。将上式分解为以下三个关系。

客户（客户编号，客户姓名）

商品（商品编号，品名，单价）

客户购买（客户编号，商品编号，数量，总价）

分解后，每个关系中的属性都是完全依赖于码，因此都是 2NF 的。但是，符合第2范式的关系模式仍可能存在数据冗余、更新异常等问题。

[例2.10]　员工信息（员工号，姓名，性别，部门，部门地址）

此关系所有属性都完全依赖于码，符合 2NF。但如果某部门有 100 名职工，元组中的部门地址就要重复 100 次，存在着较高的数据冗余。原因是关系中部门地址不是直接函数依赖于员工号，而是员工号函数决定部门，部门函数决定部门地址，才使得部门地址函数依赖于员工号，这种依赖是传递依赖。存在传递依赖的关系，也有必要继续规范化。

3. 第3范式（3NF）

定义：如果关系模式 $R \in 2NF$，且它的每一个非主属性都不传递依赖于码，则称 R 是第3范式，记作：$R \in 3NF$。

员工信息关系中，员工号→部门，部门→部门地址；因此，员工号→部门地址。存在传递依赖，因此不属于 3NF。不属于 3NF 的关系，仍然会存在操作异常，需要对其进行改进。改进的方法是将存在传递依赖的部分继续分解。上述关系分解如下。

部门（部门，部门地址）

员工信息（员工号，姓名，性别，部门）

分解后，部门和员工信息都不再存在传递依赖，是 3NF 的。

推论： 不存在非主属性的关系模式一定为 3NF。

如果关系中所有的属性均为候选码，即为非主属性，则关系中不存在非主属性，因此不会出现非主属性传递依赖于码，故一定为 3NF 的。

在数据库设计中，关系均达到 3NF，在很大程度上可以消除冗余和更新异常，因此一般数据库设计要求满足 3NF。

4. BCNF 范式

BCNF（Boyce Codd Normal Form）是由 Boyce 和 Codd 提出的，它是 3NF 的进一步规范化。

由 3NF 的推论可知，如果关系中所有属性均为主属性，则该关系为 3NF。可能存在主属性对码是部分依赖和传递依赖，如果存在部分依赖和传递依赖就可能产生操作异常。例 2.11 是属于 3NF 但不属于 BCNF。

[例 2.11] 通讯（城市名，街道名，邮政编码）

（城市名，街道名）→邮政编码，邮政编码→城市名，其候选码为（城市名，街道名）和（街道名，邮政编码），此关系模式中不存在非主属性，因此它属于 3NF。如果选取（城市名，街道名）为主码，当插入数据时，如果没有街道信息，则邮政编码是那个城市的信息就无法保存到数据库中，因为街道名不能为空。可见，即使是 3NF 的关系，也可能存在操作异常。

存在操作异常的原因是邮政编码→城市名，邮政编码是决定因子，但不是码，即存在主属性对非码的函数依赖。这种情况下产生了 BCNF。

定义： 设关系模式 $R \in 1NF$，若任一函数依赖 $X \rightarrow Y$（Y 不包含于 X）中 X 都包含 R 的码，则称 $R \in BCNF$。

关系 R 中，若每一个决定因素都包含码，则 $R \in BCNF$。即只有码能决定其他属性。一个关系模式如果达到了 BCNF，那么，在函数依赖范围内，它就已经实现了彻底的分离，消除了数据冗余、插入和删除异常。

2.4 事务

事务（Transaction）是用户定义的数据操作系列，这些操作可作为一个完整的工作单元。一个事务的所有语句是一个整体，要么全部执行，要么全都不执行。请看例 2.12。

[例 2.12]

甲账户要向乙账户转账 1 万元，这个活动包含以下两个动作。

第一个动作：甲账户减少 1 万元。

第二个动作：乙账户增加 1 万元。

如果第一个动作成功了，甲账户已经减少了 1 万元，而第二个动作由于故障没有成功，那么在系统恢复运行后，甲账户的金额是减少了 1 万元还是没有减少呢？如果乙账户没有增加，正常情况下甲账户应该没有减少，但运行时甲已经减少了 1 万元，何时让甲恢复减少前的状态呢？这就需要事务的概念。事务可以保证一个事务的全部操作或者全部成功，或者全部失败。如例 2.12 中，使用事务处理时，乙账户的操作没有成功，则系统会自动撤销第一个动作，使甲账户的金额恢复处理前的状态。当系统恢复正常时，甲账户和乙账户金额都是正确的。

事务的开始与结束可以由用户显式控制。如果用户没有显式地定义事务，则由 DBMS 按默认规定自动划分事务。在 SQL 中，定义事务的语句有以下三条。

```
BEGIN TRANSACTION
COMMIT
ROLLBACK
```

事务通常是以 BEGIN TRANSACTION 开始，以 COMMIT 或 ROLLBACK 结束。COMMIT 表示提交，即提交事务的所有操作。具体地说，就是将事务中所有对数据库的更新写回到磁盘上的物理数据库中，事务正常结束。ROLLBACK 表示回滚，即在事务运行的过程中发生了某种故障，事务不能继续执行，系统将事务中对数据库的所有已完成的操作全部撤销，回滚到事务开始时的状态。这里的操作指对数据库的更新操作。例 2.12 使用 Transact-SQL 处理该事务的语句如下。

```
BEGIN TRANSACTION
     UPDATE  支付表 SET 账户余额＝账户余额－10000
         WHERE 账户名＝'甲'
     UPDATE  支付表 SET 账户余额＝账户余额＋10000
         WHERE 账户名＝'乙'
COMMIT
```

事务具有 4 个特性：原子性（Atomicity）、一致性（Consistency）、隔离性（Isolation）和持久性（Durability）。这 4 个特性也简称为事务的 ACID 特性。

1. 原子性

事务的原子性是指事务中的操作是一个组合，要么全做，要么都不做。

2. 一致性

事务的一致性是指事务执行的结果必须是使数据库从一个一致性状态转移到另一个一致性状态。因此，当事务成功提交时，数据库就从事务开始前的一致性状态转移到事务结束后的一致性状态。如果由于某种原因，事务在尚未完成时出现了故障，那么就会出现事务中的一部分操作已经完成，而另一部分操作还没有做的现象，这样就有可能使数据库产生不一致的状态。因此，事务中如果有一部分成功，一部分失败，系统就会自动撤销事务中已完成的操作，使数据库回到事务开始前的状态。因此，事务的一致性和原子性是密切相关的。

3. 隔离性

事务的隔离性是指数据库中一个事务的执行不能受其他事务的干扰，即一个事务内部的操作及使用的数据对其他事务是隔离的，并发执行的各个事务不能相互干扰。

4．持久性

事务的持久性也称为永久性（Permanence），指事务一旦提交，则对数据库中数据的改变就是永久性的，以后的操作或故障不会对事务的操作结果产生任何影响。

事务是数据库并发控制和恢复的基本单位。保证事务的 ACID 特性是事务处理的重要任务。事务的 ACID 特性可能由于以下情况而遭到破坏。

（1）多个事务并行运行时，不同事务的操作有交叉情况；

（2）事务在运行过程中被强迫停止。

在第一种情况下，数据库管理系统必须保证多个事务在交叉运行时不影响事务的原子性。在第二种情况下，数据库管理系统必须保证被强迫终止的事务对数据库和其他事务没有任何影响。这些工作都是由数据库管理系统中的恢复和并发控制机制完成的。

2.5   结构化查询语言

SQL 是 Structured Query Language（结构化查询语言）的缩写，它是最重要的关系数据库操作语言，已经成为标准的计算机数据库语言。它结构简洁，功能强大，简单易学，所以自从 IBM 公司 1981 年推出以来，得到了广泛的应用，许多数据库产品都支持 SQL。

SQL 之所以能够为用户和业界所接受并成为国际标准，是因为它是一个综合的、功能极强同时又简单易学的语言。SQL 集数据查询（Data Query）、数据操纵（Data Manipulation）、数据定义（Data Definition）和数据控制（Data Control）功能于一体，具有很多优点。

1．非过程化语言

SQL 是一个非过程化的语言，因为它一次处理一个记录，对数据提供自动导航。SQL 允许用户在高层的数据结构上工作，而不对单个记录进行操作，可操作记录集。所有 SQL 语句接受集合作为输入，返回集合作为输出。SQL 不要求用户指定对数据的存放方法。这种特性使用户更易集中精力于要得到的结果。

2．统一的语言

SQL 可用于所有用户的 DB 活动模型，包括系统管理员、数据库管理员、应用程序员及其他类型的终端用户。基本的 SQL 命令如下。

（1）查询数据；

（2）在表中插入、修改和删除记录；

（3）建立、修改和删除数据对象；

（4）控制对数据和数据对象的存取；

（5）保证数据库一致性和完整性。

3．关系数据库的公共语言

由于所有主要的关系数据库管理系统都支持 SQL，因此 SQL 编写的程序是可以移植的，并且也可以嵌入到程序设计语言中。现在很多数据库应用开发工具都将 SQL 直接融入自身的语言当中，使用起来非常方便。

2.5.1 SQL 的数据定义

SQL 的数据定义功能包括定义表、定义视图和定义索引。表是关系数据库中最基本的对象，主要用于存储各种数据。视图是基于基本表的虚表，索引是依附于基本表的。本节重点介绍表的创建、删除与更新。

1．创建表

创建表使用 CREATE TABLE 命令创建表的结构和设置约束，其语法格式如下。

```
CREATE TABLE 表名
（字段名数据类型　［字段约束]
［,字段名数据类型　［字段约束]]）
```

注：（[] 表示可选项）。

其中，<表名>是所要定义的基本表的名字，表可以由一个或多个属性（列）组成。

2．约束

对输入数据取值范围和格式的限制称为约束。约束是用来保证数据完整性的。

1）主码约束

主码约束（PRIMARY KEY）是用来保证表中记录唯一可区分。主码是表中的属性或属性组，用于唯一地确定一行元组。创建了主码约束的属性（列）具有如下特点：每张表仅能定义一个主码，主码值是表中记录的标识；主码列可以由一个或者多个列组合而成；主码值不可为空（NULL）；主码值不可重复。若主码是由多个列组成的，某一列上的数据可以重复，但多列的组合值不能重复。

2）外码约束

外码约束（FOREIGN KEY）用于建立两张表之间的关联，外码是由表中的一个列或多个列组成的。创建表时建立外码约束的语句为：

```
Column REFERENCES ref_table (ref_column[,…n])
```

ref_table 是 FOREIGN KEY 约束所引用的表名。ref_column 是 FOREIGN KEY 约束所引用的表中的一列或多列。

3）空值约束

空值（NULL）是指尚不知道或不确定的数据，它不等同于 0 或空格。用户常常将不确定的列值定义为空值。例如，某张表中"电话"属性允许为空，则在输入数据时允许电话为 NULL。不允许为空的值定义为 NOT NULL。在输入数据时，定义为 NOT NULL 的列必须有数据。

4）默认值约束

默认值约束（DEFAULT）是给出一个默认值。当用户没有输入值时，则将使用默认值。例如，在购买商品表的数量列中，可以设定默认值为 0。

3. 修改表

一张表建立以后，可以根据需要对它进行修改。修改的内容包括修改列属性，如列名、数据类型、数据长度等，还可以在表结构中添加和删除列、修改约束等。SQ 用 ALTER TABLE 语句修改基本表，其一般格式为：

```
ALTER TABLE <表名>
[ADD <新列名><数据类型> [完整性约束]]
[DROP <完整性约束名或列名>]
[ALTER <列名><数据类型>];
```

其中，<表名>是要修改的基本表，ADD 子句用于增加新列和新的完整性约束条件，DROP 子句用于删除指定的列或完整性约束条件，MODIFY 子句用于修改原有的列定义，包括修改列名和数据类型。

4. 删除表

当某个基本表不再需要时，可以使用 DROP TABLE 语句删除。语法格式为：

```
DROP TABLE 表名[,…n]
```

2.5.2　SQL 的数据查询

查询是 SQL 的核心功能，是数据库中使用最多的操作。SQL 提供了 SELECT 语句进行数据库的查询。

本节所有查询均在 Supplier、Product、Product_Supplier 三张表上进行。假设这三张表中已经有了数据，如表 2.9～表 2.11 所示。

表 2.9　Supplier 供应商表

Supplier_ID	Name	Address	Phone	PostalCode	ConstactPerson
S01	万新	青岛	2541034	132102	张山
S02	盛大	北京	67424101	100100	王深
S03	富达	深圳	52403210	321032	李美
S04	美味	厦门	69324020	4012010	张力

表 2.10　Product 商品表

Product_ID	Name	ProductUnit	Price	CreateDate	Remark
P01	咖啡	盒	10	2005-8-5	12 袋
P02	电池	节	2	2004-7-3	5 伏
P03	铅笔	支	2	2001-3-1	NULL
P04	毛巾	个	5	2002-4-5	方巾
P05	电视	台	1000	2007-4-5	21 寸

表 2.11　Product_Supplier 商品供应商表

Product_ID	Supplier_ID	Remark
P01	S01	NULL
P01	S04	NULL
P02	S03	NULL
P03	S02	NULL
P04	S02	NULL
P04	S03	NULL

SELECT 语句对数据库进行查询并返回符合用户查询标准的结果数据。SELECT 语句的语法格式如下。

```
SELECT column1 [, column2,etc] FROM tablename
[WHERE <检索条件表达式>]
[GROUP BY <分组依据列>]
[HAVING  <组提取条件>]
[ORDER BY <排序依据列>]
```

SELECT 语句中位于 SELECT 关键词之后的列名用来决定哪些列将作为查询结果返回。用户可以按照自己的需要选择任意列，还可以使用通配符 "*" 来设定返回表格中的所有列。

SELECT 语句中位于 FROM 关键词之后的表名是进行查询操作的目标表。WHERE 可选从句用来规定哪些数据值或哪些行将被作为查询结果返回或显示。GROUP BY 子句用于对检索到的记录进行分组。HAVING 子句用于指定组的选择条件。ORDER BY 子句用于对查询的结果进行排序。在这些子句中，SELECT 子句和 FROM 子句是必需的，其他子句都是可选的。

1. 简单查询

简单查询这里指的是数据源只涉及一张表的查询。

[例 2.13]　查询 Supplier 表中所有的供应商编号、名称和联系人姓名

```
SELECT Supplier_ID,Name,ConstactPerson FROM Supplier
```

[例 2.14]　查询 Supplier 表中所有记录

```
SELECT Supplier_ID,Name,Address,Phone,PostalCode,ConstactPerson FROM
Supplier
```

等价于：

```
SELECT  * FROM Supplier
```

1）别名

[例 2.15]　查询 Product 表中，所有商品都是 5 件时的总价格

分析：Product 表中已有所有商品的单价，要查询 5 件的价格，只需要将单价乘以 5

即可求出。查询语句应为：

```
SELECT Product_ID,Name,Price * 5 FROM Product
```

经过计算的列的查询结果中没有列标题。需要标题时要指定列名。对于那些经过计算的列、函数列和常数列都应该对其给定一个别名。对列指定别名的方法为：

```
列名 | 表达式 [AS] 列别名
或者
列别名＝列名 | 表达式
```

则例 2.15 可以改为：

```
SELECT Product_ID,Name,Price * 5 AS 5件商品价格 FROM Product
```

或者是：

```
SELECT Product_ID,Name,5件商品价格＝Price * 5  FROM Product
```

2）删除重复行

在数据库表中本来不存在取值完全相同的行，但对列进行了选择后，就有可能在查询结果中出现取值完全相同的行。取值相同的行在结果中是没有意义的，因此应该消除这些取值相同的行。SELECT 语句中使用 ALL 或 DISTINCT 选项来显示表中符合条件的所有行或删除其中重复的数据行，默认为 ALL。使用 DISTINCT 选项时，对于所有重复的数据行在 SELECT 返回的结果集合中只保留一行。

[例 2.16] 在 Product_Supplier 表中，查询有哪些供应商在供应产品

```
SELECT Supplier_ID  FROM Product_Supplier
```

在此结果中有许多重复的行，使用 DISTINCT 关键字可以去掉重复的行。DISTINCT 关键字放在 SELECT 命令的后面、目标列名的前边。

去掉重复行的命令为：

```
SELECT DISTINCT Supplier_ID  FROM Product_Supplier;
```

3）限制返回的行数

使用 TOP n [PERCENT]选项限制返回的数据行数，TOP n 说明返回 n 行，而 TOP n PERCENT，说明 n 是表示百分数，指定返回的行数等于总行数的百分之几。

[例 2.17] 查询 Product 表中的前两项

```
SELECT TOP 2 * FROM Product
```

[例 2.18] 查询 Product 表中的前 20%项

```
SELECT TOP 20 PERCENT * FROM Product
```

2. 使用 WHERE 子句设置查询条件

WHERE 子句用于设置查询条件，过滤掉不需要的数据行。WHERE 子句可包括各

种条件运算符，如下所示。

> 比较运算符(大小比较)：>、>=、=、<、<=、<>、!>、!<。
> 范围运算符(表达式值是否在指定的范围)：BETWEEN AND、NOT BETWEEN AND。
> 列表运算符(判断表达式是否为列表中的指定项)：IN(项1,项2,…)、NOT IN(项1,项2,…)。
> 模式匹配符(判断值是否与指定的字符通配格式相符)：LIKE、NOT LIKE。
> 空值判断符(判断表达式是否为空)：IS NULL、NOT IS NULL。
> 逻辑运算符(用于多条件的逻辑连接)：NOT、AND、OR。

[例 2.19] 查询 Product 表中价格大于 5 的数据

```
SELECT * FROM Product WHERE Price>5;
```

[例 2.20] 查询 Product 表中价格大于 5 并且小于 10 的记录

```
SELECT * FROM Product WHERE Price BETWEEN 5 AND 10;
相当于 Price>=5 AND Price<=10
```

1）列表运算符

IN 是一个逻辑运算符，可以用来查找值属于指定集合的行。IN 的含义为当列中的值是 IN 中的某个常量值时，结果为 TRUE，表明此记录为符合条件的记录。

[例 2.21] 查询 Supplier 表中地址为北京或者青岛的记录

```
SELECT * FROM Supplier WHERE Address IN ('北京', '青岛');
```

相当于：

```
SELECT * FROM Supplier WHERE Address='北京' OR Address='青岛'
```

2）模式匹配符

LIKE 常用于模糊查找，它判断列值是否与指定的字符串格式相匹配。LIKE 可使用以下通配字符：百分号%，表示可匹配任意类型和长度的字符；下画线_，表示匹配单个任意字符，它常用来限制表达式的字符长度；方括号 []，指定一个字符、字符串或范围，要求所匹配对象为其中的任一个；[^]，其取值与[] 相同，但它要求所匹配对象为指定字符以外的任意一个字符。

[例 2.22] 查询 Product 表中以"电"开头的商品编号、名称和价格

```
SELECT Product_ID, Name, Price FROM Product WHERE Name LIKE '电%';
```

3）空值判断符

判断某个值是否为空值，不能使用普通的比较运算符（如=、!= 等），而只能使用专门判断空值的子句来完成。判断取值为空的语句格式为：列名 IS NULL。判断取值不为空的语句格式为：列名 IS NOT NULL。

[例 2.23] 查询 Product 表中 Remark 取值为空的记录

```
SELECT * FROM Product WHERE Remark IS NULL;
```

对查询结果排序，使用 ORDER BY 子句对查询返回的结果按一列或多列排序。

ORDER BY 子句的语法格式为：

```
ORDER BY {column_name [ASC|DESC]} [,…n]
```

其中，ASC 表示升序，为默认值，DESC 为降序。

[例 2.24]　查询 Product 表中的所有记录，查询结果按照价格升序排序

```
SELECT * FROM Product ORDER BY Price
```

4）多条件查询

在 WHERE 子句中可以使用逻辑运算符 AND 或 OR 来组成多条件查询。AND 表示只有在全部满足所有的条件时结果才为 TRUE，OR 表示只要满足其中一个条件结果即为 TRUE。

[例 2.25]　在 Supplier 供应商表中查询联系人姓张，供应商地址为厦门的所有信息

```
SELECT * FROM Supplier WHERE ConstactPerson LIKE '张%' AND Address='厦门';
```

3. 使用计算函数汇总数据

计算函数也称为集合函数或聚合函数、聚集函数，其作用是对一组值进行计算并返回一个单值。SQL 提供的计算函数如下。

（1）COUNT（*）：统计表中行的个数。

（2）COUNT(<列名>)：统计本列列值的个数。

（3）SUM(<列名>)：计算列值的总和（必须是数值型列）。

（4）AVG(<列名>)：计算列值的平均值（必须是数值型列）。

（5）MAX(<列名>)：求列值最大值。

（6）MIN(<列名>)：求列值最小值。

上述函数中除 COUNT（*）外，其他函数在计算过程中均忽略 NULL 值。

[例 2.26]　统计 Product 表中商品总数

```
SELECT COUNT(*)  FROM  Product;
```

[例 2.27]　统计 Product 表中所有商品的总价格

```
SELECT  SUM(Price)  FROM  Product;
```

[例 2.28]　统计 Product 表中电器类商品的平均价格

```
SELECT  AVG (Price)  FROM  Product WHERE Name LIKE '电%';
```

4. 对查询结果进行分组计算

有时需要先将数据分组，然后再对每个组进行计算，而不是对全表进行计算。例如，统计每个销售商销售的产品平均价格，就要在商品供应商表中对供应商进行分组。分组使用 GROUP BY 子句。分组的目的是细化作用对象。使用 GROUP BY 子句时，如果在 SELECT 的查询中包含计算函数，则是针对每个组计算出一个汇总值，从而实现对查询

结果的分组统计。

HAVING 子句用于对分组后的结果再进行过滤，它的功能有点儿像 WHERE 子句，但它作用于组而不是全表。HAVING 子句通常与 GROUP BY 子句一起使用。

分组子句跟在 WHERE 子句的后面，一般格式为：

```
GROUP BY <分组依据列> [HAVING <组提取条件>]
```

[例 2.29]

查询 Product_Supplier 商品供应商表中每个供应商销售的商品种类，列出供应商号和商品种类数。

```
SELECT  Supplier_ID, COUNT(Product_ID) AS 商品数目 FROM Product_Supplier
GROUP BY Supplier_ID;
```

该语句首先将查询结果按 Supplier_ID 的值分组，所有 Supplier_ID 值相同的行归为一组，然后再用 COUNT 函数对每一组进行计算，求得每组商品种类。

[例 2.30]

查询 Product_Supplier 商品供应商表中供应商销售的商品种类数大于等于 2 的信息，列出供应商号和商品种类数。

```
SELECT  Supplier_ID, COUNT(Product_ID) AS 商品数目 FROM Product_Supplier
GROUP BY Supplier_ID  HAVING COUNT(*)>=2;
```

5. 多表连接查询

前面的查询都是针对一张表的，有时需要从多张表中获取信息，这样就涉及多表查询。多表查询可以通过连接运算符实现。连接是关系数据库模型的主要特点，也是区别于其他类型数据库管理系统的一个标志。连接主要包括内连接、外连接和交叉连接等类型。这里只介绍最常用的内连接。

使用内连接时，如果两张表的相关字段满足连接条件，则从这两张表中提取数据并组合成新的记录。连接可以在 SELECT 语句的 FROM 子句或 WHERE 子句中建立，在 FROM 子句中指出连接有助于将连接操作与 WHERE 子句中的搜索条件区分开来。所以，在 Transact-SQL 中推荐使用这种方法，语法格式为：

```
FROM 表1 JOIN 表2 [ON <连接条件>]
```

在连接条件中要指明两张表按什么条件进行连接。连接条件的一般格式为：

```
[<表名1.>] [<列名1>] <比较运算符> [<表名2.>] [<列名2>]
```

两张表的连接必须是可以比较的，否则比较将是无意义的。当比较运算符是等号（"="）时，称为等值连接。

[例 2.31]　查询每件商品信息及其供应商信息

分析：商品信息在 Product 表中存放，商品的供应商信息在 Product_Supplier 表中存放。因此查询实际涉及两张表，将这两张表进行连接，连接的条件应为 Product_ID 相同。

```
SELECT * FROM Product JOIN Product_Supplier
```

```
ON Product.Product_ID= Product_Supplier.Product_ID;
```

查询结果会包含两张表的全部列，Product_ID 列将重复出现，这是不必要的。因此，在写查询语句时应当直接写所需要的列名，而不是使用"*"。如果连接后的表中有重复的列名（Product_ID 列），则在 ON 子句中对 Product_ID 属性前加上表名前缀限制，指明是哪张表的 Product_ID。

2.5.3 SQL 的数据更新

数据的查询用 SELECT 语句。数据的更新，如添加、修改和删除使用数据库修改语句：INSERT、UPDATE 和 DELETE 语句。数据更新不返回结果集，而是返回响应的行数。

1．插入数据

插入数据的 INSERT 语句的格式为：

```
INSERT  [INTO] <表名> [<列名>] VALUES（值列表）
```

说明：

列名必须是插入表中定义的列名，值列表中的表可以是常量也可以是空值（NULL），各值之间使用逗号分隔。列名与值列表中的值的顺序要对应，数据类型必须一致。如果表名后没有指明列名，则新插入的记录的值的顺序必须与表中定义列的顺序一致，且每一个列均要有值（可以是空值）。

[例 2.32] 向员工信息表（员工号，姓名，性别，年龄，部门）中添加记录（1003，李明，男，20，销售部）

```
INSERT INTO Employee(1003, '李明', '男', 20,'销售部');
```

[例 2.33] 向员工信息表中插入记录（1004，王武，男，18），部门暂缺

```
INSERT INTO Employee(EmployeeID,name,sex,age) VALUES (1004,'王武','男',18);
```

由于插入的数据与表中列的个数不一致，此时必须要在表名后加入列的信息，且插入的数据与表后列的顺序保持一致。在员工信息表中，部门列允许为空，此句实际插入的值为（1004，'王武'，'男'，18，NULL）。

2．更新数据

修改数据使用 UPDATE 语句。UPDATE 语句的语法格式为：

```
UPDATE <表名> SET  <列名=表达式> [WHERE 更新条件]
```

其中，表名给出了修改数据表的名称。SET 子句指定要修改的列，表达式指定修改后的新值。WHERE 子句用于指定需要修改表中的哪些记录。如果省略 WHERE 子句，则是无条件更新，表示要修改 SET 中指定的列的全部值。

[例 2.34] 无条件更新，将所有员工的年龄加 1

```
UPDATE Employee set age=age+1;
```

[例 2.35] 有条件更新，将男性员工的年龄加 1

```
UPDATE Employee set age=age+1 WHERE SEX='男';
```

3. 删除数据

使用 DELETE 语句删除表中的数据。DELETE 语句的语法格式为：

```
DELETE [ FROM ] <表名>  [WHERE 删除条件]
```

其中，表名给出了删除数据表的名称。WHERE 子句用于指定需要删除表中的哪些记录，只有满足条件的记录才会被删除。如果省略 WHERE 子句，则是无条件删除，表示要删除表中的所有记录。

[例 2.36] 无条件删除，删除员工表中所有员工的信息

```
DELETE FROM Employee;
```

[例 2.37] 有条件删除，删除员工表中员工编号为 1003 的信息

```
DELETE FROM Employee WHERE EmployeeID=1003;
```

2.5.4 视图

视图是关系数据库系统提供给用户以多种角度观察数据的重要机制。视图是从一个或多个基本表导出的表，与基本表不同，视图是一个虚表。数据库中的视图中并没有存放真正的数据，数据仍然存放在基本表中。数据库中只存放视图的定义，而不存放视图对应的数据。所以基本表中的数据发生变化，从视图查询的数据也随之改变。可以将视图想象为一个窗口，透过窗口可以看到基本表中感兴趣的数据。

视图一经定义，就像基本表一样可以被查询、删除。也可以在视图之上再定义新的视图，但对视图的更新操作有一定的限制。

1. 定义视图

定义视图的基本语法为：

```
CREATE VIEW <视图名> [(<列名>,<列名>,…)] AS <子查询>
```

其中，子查询就是普通的 SELECT 语句。视图名后的属性列或者省略或者全部列出。省略时表示视图的列由子查询中查询到的列组成，但在下面三种情况下必须指定组成视图的所有列名：某个列是使用函数或者表达式求出的；多张表连接时选出了几个同名列作为视图的字段；需要在视图中为某个列启用新的名字。

[例 2.38] 建立销售部门员工的视图

```
CREATE VIEW  sales_employee
```

```
AS
  SELECT EmployeeID, name, sex, age
  FROM Employee
 WHERE department='sale';
```

本例中省略了视图 sales_employee 的列名，则视图的列由 SELECT 语句中的 EmployeeID、name、sex、age 四个列组成。

视图不仅可以建立在单个基本表上，也可以建立在多个基本表上。

[例2.39] 建立供应商名为"诚达"的公司供应商品的视图

分析：供应商名存储在供应商表（Supplier），供应商供应哪些商品的信息存储在商品-供应商表（Product_Supplier），现要查询出供应哪些商品必须建立两张表的连接，连接的条件应为供应商 ID 一致。建立视图的语句为：

```
CREATE VIEW Chengda_prod(Sname, ProductId)
AS
    SELECT Supplier.name, Product_Supplier.Product_ID
    FROM Supplier, Product_Supplier
    WHERE Supplier.name='诚达' AND
     Supplier.Supplier_ID = Product_Supplier.Supplier_ID;
```

2. 删除视图

删除视图的语法为：

```
DROP VIEW <视图名>
```

删除视图后，视图的定义将从数据库中删除，该视图将无法再使用。

[例2.40] 删除销售部门员工的视图

```
DROP VIEW sales_employee;
```

执行此语句后，sales_employee 视图将从数据库中删除。

3. 查询视图

视图定义后,用户可以像对基本表的操作一样对视图进行查询,不同之处在于FROM语句后跟随的是视图名而不是表名。

[例2.41] 查询销售部门员工视图中女性员工信息

```
SELECT EmployeeID,name,sex,age
FROM sales_employee
WHERE sex='女';
```

该语句执行时，数据库管理系统将先进行有效性检查，检查查询的表、视图等是否存在。如果存在，则取出视图的定义，把视图的定义和用户的查询语句结合起来，转换成等价的对基本表的查询，然后再执行查询操作。

习题 2

1. 什么是概念模型？概念模型的作用是什么？

2. 实体之间的联系有哪些？请为每一种联系举出一个例子。

3. 从数据库管理系统角度看，数据库系统通常采用哪三级模式？作用是什么？

4. 关系模型的数据完整性包含哪些内容？

5. 有"出版社"和"作者"两个实体，两实体之间是多对多的联系，请设计适当的属性，画出 E-R 图，再将其转换为关系模型（包括关系名，属性名，码）。

6. 设有关系模式：学生(学号，姓名，出生日期，专业，专业负责人)，其中，一个学生只能在一个专业学习，一个专业的学生只能有一个专业负责人。指出此关系模式的候选码，并判断此关系模式是第几范式的。若不是第 3 范式的，请将其规范化为第 3 范式的关系模式，并指出分解后的每个关系模式的主码和外码。

7. 说明事务的概念及 4 个特性。

8. 设有关于职工-社团的三张表：

职工（<u>职工号</u>，姓名，年龄，性别）

社团（<u>社团编号</u>，名称，负责人，活动地点）

参加（<u>职工号</u>，<u>社团编号</u>，参加日期）

其中，职工表的主码为职工号；社团的主码为社团编号；参加的主码为职工号和社团编号，职工号为外码，参照表为职工表，社团编号为外码，参照表为参加表。

试用 SQL 语句定义上述三张表。

9. 设有以下三张表，完成要求的 SQL 语句。

学生（学号，姓名，性别，年龄，系名）

课程（课程号，课程名，学分，学时）

学生选课（学号，课程号，成绩）

（1）查询学生选课表中的所有数据。

（2）查询计算系学生的姓名、年龄。

（3）查询成绩为 70～80 的学生的学号、课程号和成绩。

（4）统计每个系的学生人数。

（5）查询选修了课程号为 C05 的学生的姓名和系名。

（6）删除成绩小于 50 分的学生的选课记录。

（7）将所有选修了课程 C01 的学生成绩加 10 分。

10. 模拟电子商务系统，设计数据库，并在 MySQL 中使用 SQL 命令建立表，导入数据。要求：一个用户可以有多个订单；一个订单可以包含多种商品；每种商品有一定的数量。

第3章

JDBC 基础

    JDBC（Java Database Connectivity）是一个独立于特定数据库管理系统，通用的 SQL 数据库存取和操作的公共接口（一组 API），定义了访问数据库的标准 Java 类库。使用这个类库可以以一种标准的方法，方便地访问数据库资源。本章介绍 JDBC 的核心接口和类，使用 JDBC 连接数据库的基本方法，执行 SQL 语句的方法和事务编程。

3.1 JDBC 概述

JDBC 为访问不同的数据库提供了一种统一的途径，是面向接口编程的一种体现。
JDBC 的目标是使 Java 程序员使用 JDBC 可以连接提供了驱动程序的数据库系统，这样
就使得程序员无须对特定的数据库系统的特点有过多的了解，从而大大简化和加快了开
发过程。JDBC 是一种用于执行 SQL 语句的 Java API，由一组用 Java 编程语言编写的类
和接口组成。

图 3.1 是使用 JDBC 的程序结构。有了 JDBC 可以使 Java 程序员用 Java 语言来编写
完整的数据库方面的应用程序，也可以读取不同数据库管理系统中的数据，而与数据库
管理系统中的数据存储格式无关。同时由于 Java 语言具有跨平台性，使得程序可以作
用于不同操作系统平台和数据库管理系统平台。

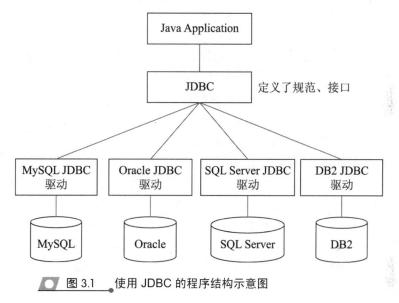

图 3.1 使用 JDBC 的程序结构示意图

JDBC 提供了一组接口，其实现由不同的数据库厂商完成。接口的实现称为 JDBC
驱动。Connection 接口定义了连接数据库操作的规范。每个不同的数据库厂商提供接口
的实现程序，即数据库产品的连接驱动。

JDBC 驱动程序总共有以下 4 种类型。

第一类，JDBC-ODBC 桥。

第二类，部分本地 API，部分 Java 的驱动程序。

第三类，JDBC 网络纯 Java 驱动程序。

第四类，本地协议纯 Java 的 JDBC 驱动程序。

ODBC（Open DataBase Connectivity，开放式数据库连接）是 Windows 平台下提供
的统一访问方式。使用者在程序中只需要调用 ODBC API，由 ODBC 驱动程序将调用转
换成为对特定数据库的调用请求。JDBC-ODBC 桥由 Sun 公司提供，是 JDK 提供的标准
API。这种类型的驱动实际是把所有 JDBC 的调用传递给 ODBC，再由 ODBC 调用本地

数据库驱动代码。只要本地装有相关的 ODBC 驱动, 那么采用 JDBC-ODBC 桥几乎可以访问所有的数据库。JDBC-ODBC 方法对于客户端已经具备 ODBC Driver 的应用还是可行的。但是, 由于 JDBC-ODBC 先调用 ODBC, 再由 ODBC 去调用本地数据库接口访问数据库, 所以执行效率比较低, 对于那些大数据量存取的应用是不适合的。另外, 这种桥接方式最大的问题是把 Java 不由自主地和 Windows 绑定在了一起, 失去了 Java 跨平台的特点, 这对于 Java 应用程序来说是不可接受的。所以目前这种形式的驱动程序已经很少使用了。

第二类, 部分本地 API, 部分 Java 的驱动程序。JDBC 驱动程序是本机 API 的部分 Java 代码, 用于把 JDBC 调用转换成主流数据库 API 的本机调用。JDBC 本地驱动程序桥提供了一种 JDBC 接口, 它建立在本地数据库驱动程序的顶层, 而不需要使用 ODBC。JDBC 驱动程序将对数据库的 API 从标准的 JDBC 调用转换为本地调用。使用此类型需要牺牲 JDBC 的平台独立性, 还要求在客户端安装一些本地代码。另外, 由于第二类驱动程序没有使用纯 Java API, 把 Java 应用连接到数据源时, 往往必须执行一些额外的配置工作。

第三类, JDBC 网络纯 Java 驱动程序。使用这类驱动程序时, 不需要在本地计算机上安装任何附加软件, 但必须在安装数据库管理系统的服务器端加装中间件 (Middleware), 这个中间件负责所有存取数据库时必要的转换。工作原理是：驱动程序将 JDBC 访问转换成与数据库无关的标准网络协议 (通常是 HTTP 或 HTTPS) 送出, 然后再由中间件服务器将其转换成数据库专用的访问指令, 完成对数据库的操作。中间件服务器能支持对多种数据库的访问。

第四类, 本地协议纯 Java 的 JDBC 驱动程序。这类驱动程序是直接面向数据库的纯 Java 驱动程序, 即所谓的"瘦"驱动程序。使用这类驱动程序时无须安装任何附加的软件 (无论是本地计算机或是数据库服务器端), 所有存取数据库的操作都直接由 JDBC 驱动程序来完成, 此类驱动程序能将 JDBC 调用转换成 DBMS 专用的网络协议, 能够自动识别网络协议下的特殊数据库并能直接创建数据连接。本章所用的 mysql-connector-JDBC.jar 是第四类驱动。

3.2 JDBC 核心接口和类

JDBC 中定义了访问数据库的接口, 相当于访问数据库的规范。但是仅有接口是不行的, 接口的实现由各个数据库厂商完成。java.sql 包, 包含用于操作数据库的各种类和接口, 是 JDBC 1.0 版本的核心包。连接数据库时, 要先导入 java.sql 包, 本节介绍的接口和类都在此包中。

3.2.1 Driver 接口

Java.sql.Driver 接口是所有 JDBC 驱动程序需要实现的接口。在程序中不需要直接去访问实现了 Driver 接口的类, 而是由驱动程序管理 (java.sql.DriverManager) 去调用这些 Driver 的实现类。

Driver 接口由数据库厂家提供，作为 Java 开发人员，只需要使用 Driver 接口就可以了。在编程中要连接数据库，需要先装载特定厂商的数据库驱动程序，不同的数据库有不同的装载方法。例如：

```
装载 MySQL 驱动：Class.forName("com.mysql.jdbc.Driver");
装载 Oracle 驱动：Class.forName("oracle.jdbc.driver.OracleDriver");
```

3.2.2 Connection 接口

Connection 接口是与特定数据库的连接（会话）。在连接中执行 SQL 语句并返回结果。Connection 接口的常用方法有以下几种。

- ❑ createStatement()：创建向数据库发送 SQL 的 statement 对象。
- ❑ prepareStatement(sql)：创建向数据库发送预编译 SQL 的 PrepareSatement 对象。
- ❑ prepareCall(sql)：创建执行存储过程的 callableStatement 对象。
- ❑ setAutoCommit(boolean autoCommit)：设置事务是否自动提交。
- ❑ commit()：在连接上提交事务。
- ❑ rollback()：在此连接上回滚事务。

3.2.3 DriverManager 类

DriverManager 类是管理 JDBC 驱动程序的基本服务。一般操作 Driver，获取 Connection 对象都是交给 DriverManager 类统一管理。DriverManger 类可以注册和删除加载的驱动程序，可以根据给定的 URL 获取符合 URL 协议的驱动 Driver 或者是建立 Conenction 连接，进行数据库交互。DriverManager 类的方法有以下几个。

- ❑ static Connection getConnection(String url)：试图建立到给定数据库 URL 的连接。
- ❑ static Connection getConnection(String url, Properties info)：试图建立到给定数据库 URL 的连接。
- ❑ static Connection getConnection(String url, String user, String password)：试图建立到给定数据库 URL 的连接。
- ❑ static void deregisterDriver(Driver driver)：从 DriverManager 的列表中删除一个驱动程序。
- ❑ static Driver getDriver(String url)：试图查找能理解给定 URL 的驱动程序。

下面举例说明用 DriverManager 类连接不同数据库的操作。

连接 MySQL 数据库：

```
Connection conn =
DriverManager.getConnection("jdbc:mysql://host:port/database", "user",
"password");
```

连接 Oracle 数据库：

```
Connection conn =
```

```
      DriverManager.getConnection("jdbc:oracle:thin:@host:port:database",
"user", "password");
```

连接 SQL Server 数据库：

```
Connection conn =
DriverManager.getConnection("jdbc:microsoft:sqlserver://host:port;
DatabaseName=database", "user", "password");
```

3.2.4 Statement 接口

Statement 接口用于执行静态 SQL 语句并返回它所生成结果的对象。它有两个子接口，分别是：CallableStatement 和 PreparedStatement。

❑ PreparedStatement：继承自 Statement 接口，由 PreparedStatement 创建，用于发送含有一个或多个参数的 SQL 语句。PreparedStatement 对象比 Statement 对象的效率更高，并且可以防止 SQL 注入，所以一般推荐使用 PreparedStatement。

❑ CallableStatement：继承自 PreparedStatement 接口，由方法 prepareCall 创建，用于调用存储过程。

Statement 常用方法有以下几个。

❑ execute(String sql)：运行语句，返回是否有结果集。

❑ executeQuery(String sql)：运行 select 语句，返回 ResultSet 结果集。

❑ executeUpdate(String sql)：运行 insert、update、delete 操作，返回更新的行数。

❑ addBatch(String sql) ：把多条 SQL 语句放到一个批处理中。

❑ executeBatch()：向数据库发送一批 SQL 语句执行。

3.2.5 ResultSet 接口

ResultSet 接口表示数据库结果集的数据表，通常是执行查询数据库的语句生成的。常用的获得查询结果的方法有以下几个。

❑ getString(int index)、getString(String columnName)：获得在数据库里是 varchar、char 等类型的数据对象。

❑ getFloat(int index)、getFloat(String columnName)：获得在数据库里是 Float 类型的数据对象。

❑ getDate(int index)、getDate(String columnName)：获得在数据库里是 Date 类型的数据。

❑ getBoolean(int index)、getBoolean(String columnName)：获得在数据库里是 Boolean 类型的数据。

❑ getObject(int index)、getObject(String columnName)：获取在数据库里任意类型的数据。

ResultSet 还提供了如下对结果集进行滚动的方法。

- ❑ next()：移动到下一行。
- ❑ previous()：移动到前一行。
- ❑ absolute(int row)：移动到指定行。
- ❑ beforeFirst()：移动 resultSet 的最前面。
- ❑ afterLast()：移动到 resultSet 的最后面。

3.3　连接数据库

3.2 节介绍了 JDBC 开发的核心接口和类，本节将通过具体实例介绍 JDBC 的连接方法。首先介绍数据库连接的一般流程，再以连接 MySQL 和 SQL Server 数据库为例，介绍具体的使用方式。

3.3.1　连接的一般方法

JDBC 应用程序一般都有以下基本步骤。

步骤 1：注册驱动（只做一次）。

步骤 2：建立连接（Connection）。

步骤 3：创建执行 SQL 的语句（Statement）。

步骤 4：执行语句。

步骤 5：处理执行结果（ResultSet）。

步骤 6：释放资源（依次关闭对象及连接：ResultSet → Statement → Connection）。

步骤 2 的建立连接是关键，连接的一般形式为：

```
String url="****";
Connection con=DriverManager.getConnection(url,"Login","Password");
```

或

```
Connection con=DriverManager.getConnection(url);
```

JDBC 借用了 URL（Uniform Resource Location，统一资源定位符）语法来确定全球的数据库（数据库 URL 类似于通用的 URL），对由 URL 所指定的数据源的表示格式为：

```
jdbc : <subprotocal> : [ database locator]
```

jdbc 指出要使用 JDBC；subprotocal 是定义驱动程序的类型；database locator 是提供网络数据库的位置和端口号（包括主机名、端口和数据库系统名等）。

不同厂商的数据库系统，主要差别在 JDBC 的驱动程序及数据库的 URL 格式。下面讨论连接 MySQL 和 SQL Server 两种不同的数据库方法。

3.3.2　MySQL 数据库的连接

MySQL 数据库是应用于网络的数据库，在网络方面表现非常优越，同时它是开放式技术标准的产品，市场占有率较高。本节以 MySQL 数据库为例，介绍 JDBC 连接的一般步骤。

首先是 MySQL 驱动的准备工作，分为两步：下载驱动和在 Java 工程中加载。

（1）下载 MySQL 数据库的 JDBC 驱动。下载地址是 MySQL 官方网站，如图 3.2 所示。

图 3.2　MySQL 驱动下载

下载成功后，得到 mysql-connector-java-5.1.45.zip 压缩文件。解压后，发现 mysql-connector-java-5.1.45-bin.jar 文件。此 jar 文件是 MySQL 数据库连接 Java 使用的驱动。

（2）在 Java 工程中引入 jar 驱动文件。

右击工程名，选择"属性"。在属性中，选择 Java Build Path 选项。单击右侧的 Add External JARs 按钮。选择 mysql-connector-java-5.1.45-bin.jar 所在路径，导入当前工程，如图 3.3 所示。

图 3.3　MySQL 驱动加载到工程中

其次要在 MySQL 数据库中建立数据库和表，准备好数据。本例新建的数据库名称为"jdbcDB 数据库"，jdbcDB 数据库中建立了 user 表（用户表）。User 表有 4 个属性，设置如图 3.4 所示。

Column	Type
◇ id	int(11)
◇ name	varchar(45)
◇ birthday	date
◇ money	float

图 3.4　User 表的属性

表建立好后，输入一些测试数据，完成了数据的准备工作。驱动和数据准备好后，下一步就是写 JDBC 程序，程序处理流程按照 3.3.1 节介绍的 6 个步骤展开。例 3.1 是 MySQL 数据库连接的基本步骤，例 3.2 是 SQL Server 数据库连接示例。

[例 3.1]　MySQL 数据库连接示例

```java
import java.sql.*;
import com.mysql.jdbc.Connection;
public class Base {
   public static void test() throws SQLException{
String          url=          "jdbc:mysql://localhost:3306/jdbcDB?useUnicode=
true&characterEncoding=utf-8&useSSL=false";
     String user="root";
     String psw="root";

   //1 注册驱动
   DriverManager.registerDriver(new com.mysql.jdbc.Driver());

   //2 建立连接
   java.sql.Connection conn=DriverManager.getConnection (url,user,psw);

   //3 创建语句
   Statement st=conn.createStatement();

   //4 执行语句
   ResultSet rs=st.executeQuery("select * from user");

   //5 处理结果
   while(rs.next()){
       System.out.println(rs.getObject(1)+"\t"+rs.getObject(2)+
              "\t"+rs.getObject(3)+"\t"+rs.getObject(4));
   }
   //6 释放资源
   rs.close();
   st.close();
```

```
        conn.close();
    }

    public static void main(String[] args) throws SQLException {
        test();
    }
}
```

运行结果：

```
1    Mike    1990-10-29   100.32
2    Tom     1998-03-06   300.0
3    Joan    1996-12-27   3772.6
```

3.3.3　SQL Server 数据库的连接

　　SQL Server 数据库的 JDBC 驱动需要到微软的官方网站下载。下载后同样需要加载到工程中。在数据库中创建名为 jdbcDB 的数据库，建立 user 表。在数据库中创建用户，用户名为 demo，密码为 demo123。设置用户 demo 具有访问和修改 User 表的权限。例3.2 是连接程序。

　　[例 3.2]　SQL Server 连接示例

```
import java.sql.*;
public class application {
public static void main(String[] args) {
    Connection conn=null;
    Statement stmt=null;
  String url="jdbc:sqlserver://localhost:1433;DatabaseName=jdbcDB ";
    String user="demo";
    String psw="demo123";
    ResultSet rs=null;
    try {
//1 注册驱动
Class.forName("com.microsoft.sqlserver.jdbc.SQLServerDriver");

//2 建立连接
    conn=DriverManager.getConnection(url,user,psw);
    }
     catch (ClassNotFoundException e) {
     System.err.println("加载数据库引擎失败");}
    catch (SQLException e) {
       e.printStackTrace();
     System.err.println("数据库连接失败!");
    }
```

```
        String sql="SELECT * FROM user";

   try{
        //3 创建语句
        stmt=(Statement)conn.createStatement();

        //4 执行语句
        rs= stmt.executeQuery(sql);
        System.out.println("id\tname\tbirthday\tmoney");

        //5 处理结果
        while(rs.next()){
          System.out.println(rs.getObject(1)+"\t"+rs.getObject(2)+
                  "\t"+rs.getObject(3)+"\t"+rs.getObject(4));
        }
   catch(SQLException ex)
        {ex.printStackTrace();}
//如果和数据库连接成功了，程序退出时要关闭该数据库连接对象
      try {

   //6 释放资源
                rs.close();
              st.close();
              conn.close();
      }
        }catch (SQLException e) {
              e.printStackTrace();    }
   }
}
```

SQL Server 数据库连接示例较 MySQL 示例增加了异常处理。两个程序处理步骤一致，只是注册驱动和 URL 有差异。

3.4 执行 SQL 语句

使用 JDBC 查询数据的方法有三种，即三个接口：Statement、PreparedStatement 和 CallableStatement。Statement 继承自 Wrapper，PreparedStatement 继承自 Statement，CallableStatement 继承自 PreparedStatement。

Statement 接口提供了执行语句和获取结果的基本方法；用于执行不带参数的简单 SQL 语句；支持批量更新、批量删除。Statement 每次执行 SQL 语句，数据库都要执行 SQL 语句的编译，最好用于仅执行一次查询并返回结果的情形。

PreparedStatement 接口，预编译 SQL 语句。添加了处理 IN 参数的方法；支持可变参数的 SQL。编译一次，执行多次，效率较高。PreparedStatement 接口安全性好，能有效防止 SQL 注入等问题。

CallableStatement 接口，继承自 PreparedStatement，支持带参数的 SQL 操作，主要用于执行存储过程。

3.4.1 使用 Statement

执行一个 SQL 语句，首先需要创建 Statement 对象，它封装了要执行的 SQL 语句，并执行 SQL 语句返回一个 ResultSet 对象。可以通过 Connection 类中的 createStatement() 方法来实现。

```
Statement stmt=con.createStatement();
```

Statement 接口提供了三种执行 SQL 语句的方法：executeQuery()、executeUpdate() 和 execute()。具体使用哪一个方法由 SQL 语句本身来决定。

方法 executeQuery 用于产生单个结果集的语句，例如，SELECT 语句等。

方法 executeUpdate 用于执行 INSERT、UPDATE 或 DELETE 语句以及 SQL DDL（数据定义语言）语句，例如，CREATE TABLE 和 DROP TABLE。INSERT、UPDATE 或 DELETE 语句是修改表中零行或多行中的一列或多列。executeUpdate 的返回结果是一个整数，表示受影响的行数（即更新数）。对于 CREATE TABLE 或 DROP TABLE 等不操作行的语句，executeUpdate 的返回值为零。

方法 execute 用于执行返回多个结果集、多个更新数或二者组合的语句，使用较少。

改写例 3.1，增加异常处理，并使用 Statement 实现没有条件和参数的简单查询。

[例 3.3] Statement 简单查询

```
import java.sql.*;

public class StatementDemo {
public static void test() {
        String          url="jdbc:mysql://localhost:3306/jdbc?useUnicode=
true&characterEncoding=utf-8&useSSL=false";
        String user = "root";
        String pwd = "root";
        Connection conn = null;
        Statement st = null;
        ResultSet rs = null;

        try{
         //1 注册驱动
          Class.forName("com.mysql.jdbc.Driver");
         //2 建立连接
         conn=DriverManager.getConnection(url,user,pwd);
        }
        catch(ClassNotFoundException e){
            System.out.println("加载数据库引擎失败.");
```

```
        }
        catch(SQLException sqle){
            System.out.println("数据库连接失败.");
        }
        String sql="select id,name,birthday,money from user";
         try{
         //3 创建语句
         st=conn.createStatement();
         //4 执行语句
         rs=st.executeQuery(sql);
          //5 处理结果
         System.out.println("编号"+"\t"+"姓名"+"\t"+" 生日 "+"\t\t"+"余额");
         while(rs.next()){
             System.out.println(rs.getInt(1)+"\t"+rs.getString(2)+
                     "\t"+rs.getDate(3)+"\t"+rs.getFloat(4));
          }
         } catch(SQLException sqle){
          sqle.printStackTrace();
          }
         try{
          //6 释放资源
            if(conn.isClosed() == false){
                rs.close();
                st.close();
                conn.close();
             }
         }catch (SQLException e){
             e.printStackTrace();
         }
     }
public static void main(String[] args) {
     test();
 }
}
```

运行结果：

编号	姓名	生日	余额
1	mike	1990-10-29	100.32
2	tom	1998-03-06	300.0
3	Joan	1996-12-27	3772.6

3.4.2 使用 PreparedStatement

　　JDBC 规范支持宏语句，允许一个语句使用不同的参数重复执行，这由

PreparedStatement 接口支持完成。PreparedStatement 是预编译方式执行 SQL 语句。由于 Statement 对象在每次执行 SQL 语句时都将该语句传给数据库，如果需要多次执行同一条 SQL 语句，这样操作将导致执行效率特别低。此时可以采用 PreparedStatement 对象封装 SQL 语句。如果数据库支持预编译，它可以将 SQL 语句传给数据库做预编译，以后每次执行该 SQL 语句时，可以提高访问速度；但如果数据库不支持预编译，将在语句执行时才传给数据库，其效果类似于 Statement 对象。另外，PreparedStatement 对象的 SQL 语句还可以接收参数，可以用不同的输入参数来多次执行编译过的语句，较 Statement 灵活方便。例 3.4 使用 PreparedStatement 实现有条件的查询。

[例 3.4] PreparedStatement 处理有条件的查询

```
import java.sql.Connection;
import java.sql.DriverManager;
import java.sql.PreparedStatement;
import java.sql.ResultSet;
import java.sql.SQLException;
import java.util.*;

public class PreparedStatementQuery {
 public static void test() {
        String          url="jdbc:mysql://localhost:3306/jdbc?useUnicode=
true&characterEncoding=utf-8&useSSL=false";
        String user = "root";
        String pwd = "root";
        Connection conn = null;
    PreparedStatement pstmt = null;
        ResultSet rs = null;
     try{
        //1 注册驱动
         Class.forName("com.mysql.jdbc.Driver");
         //2 建立连接
        conn=DriverManager.getConnection(url,user,pwd);
        }
        catch(ClassNotFoundException e){
            System.out.println("加载数据库引擎失败.");
        }
        catch(SQLException sqle){
            System.out.println("数据库连接失败.");
        }
        Scanner sc = new Scanner(System.in);
        System.out.println("input username: ");
        String name = sc.next().trim();
        System.out.println("input money: ");
        float money = sc.nextFloat();
    String sql="select id,name,birthday,money from user where name=? and
```

```
money>? ";
        try{
            //3 创建语句
    pstmt=conn.prepareStatement(sql);
    pstmt.setString(1, name);
    pstmt.setFloat(2, money);
            //4 执行语句
    rs=pstmt.executeQuery();
            //5 处理结果
        System.out.println("编号"+"\t"+"姓名"+"\t"+" 生日 "+"\t"+"余额");
        while(rs.next()){
            System.out.println(rs.getInt(1)+"\t"+rs.getString(2)+
                    "\t"+rs.getDate(3)+"\t"+rs.getFloat(4));
          }
        } catch(SQLException sqle){
         sqle.printStackTrace();
        }
        try{
            //6 释放资源
            if(conn.isClosed() == false){
                rs.close();
                pstmt.close();
                conn.close();
            }
        }catch (SQLException e){
            e.printStackTrace();
        }
    }
public static void main(String[] args) {
    test();
 }
}
```

运行结果:

```
input username:
mike
input money:
100.0
编号  姓名    生日        余额
1    mike   1990-10-29  100.32
```

      JDBC 中的所有参数都由"?"符号作为占位符,这被称为参数标记。在执行 SQL 语句之前,必须为每个参数(占位符)提供值。

      Set×××()方法将值绑定到参数,其中,×××表示要绑定到输入参数的值的 Java

数据类型。如果忘记提供绑定值，则将会抛出一个 SQLException。

　　每个参数标记是其顺序位置引用。第一个标记表示位置 1，下一个标记表示位置 2，等等。该方法与 Java 数组索引不同（它不从 0 开始）。

　　所有 Statement 对象与数据库交互的方法 execute()、executeQuery() 和 executeUpdate() 也可以用于 PreparedStatement 对象。但是，这些方法被修改为可以使用输入参数的 SQL 语句。

　　建议尽量使用 PreparedStatement 语句，因为数据库能够把 SQL 语句编译成只需要提供参数就能重复执行的语句，便于提高执行速度。例 3.5 使用 PreparedStatement 语句向数据库插入一条数据。

　　[例 3.5]　使用 PreparedStatement 添加数据

```java
import java.sql.Connection;
import java.sql.DriverManager;
import java.sql.PreparedStatement;
import java.sql.SQLException;
import java.text.DateFormat;
import java.text.ParseException;
import java.text.SimpleDateFormat;
import java.util.Date;

public class PreparedStatementInsert {
public static void test() {
        String          url="jdbc:mysql://localhost:3306/jdbc?useUnicode=
true&characterEncoding=utf-8&useSSL=false";
        String user = "root";
        String pwd = "root";
        Connection conn = null;
        PreparedStatement pstmt = null;
        int  result = -1;

        try{
          //1 注册驱动
          Class.forName("com.mysql.jdbc.Driver");
          //2 建立连接
         conn=DriverManager.getConnection(url,user,pwd);
        }
        catch(ClassNotFoundException e){
            System.out.println("加载数据库引擎失败.");
        }
        catch(SQLException sqle){
            System.out.println("数据库连接失败.");
        }
        //SQL 语句
```

```
        String        sql="INSERT        INTO        user(id,name,birthday,money)
VALUES(?,?,?,?)";
        try{
        DateFormat  dateFormat  =  new  SimpleDateFormat("yyyy-MM-dd
HH:mm:ss");
        Date myDate = null;
            try {
            myDate = dateFormat.parse("2000-09-13 22:36:01");
            } catch (ParseException e) {
                e.printStackTrace();
            }
        java.sql.Date sqlDate = new java.sql.Date(myDate.getTime());
        //3 创建语句
        pstmt=conn.prepareStatement(sql);
        pstmt.setInt(1, 6);
        pstmt.setString(2, "Tim");
    pstmt.setDate(3, sqlDate);
        pstmt.setFloat(4,(float) 3980.32 );
        //4 执行语句
        result=pstmt.executeUpdate();
        //5 处理结果
        System.out.println(result);
        } catch(SQLException sqle){
        sqle.printStackTrace();
        System.out.println("添加记录出错.");
        }
        try{
        //6 释放资源
            if(conn.isClosed() == false){
                pstmt.close();
                conn.close();
            }
        }catch (SQLException e){
            e.printStackTrace();
        }
    }
public static void main(String[] args) {
    test();
}
}
}
```

运行结果如图 3.5 所示，数据库中新增了一条记录。

id	name	birthday	money
1	mike	1990-10-29	100.32
2	tom	1998-03-06	300
3	Joan	1996-12-27	3772.6
4	peter	1990-10-01	399.3
5	James	2017-12-06	3980.32
6	Tim	2000-09-13	3980.32
NULL	NULL	NULL	NULL

图 3.5　运行结果

此例中日期的处理需要注意。数据库中支持的日期类型是 java.sql.Date。通常使用的日期类型是 java.util.Date。两个格式不一样，需要做转换。

3.4.3　使用 CallableStatement

类似 Connection 对象创建 Statement 和 PreparedStatement 对象，可以使用同样的方式创建 CallableStatement 对象，该对象将用于执行对数据库存储过程的调用。

存储过程是一种特殊的 SQL 语句，用于对数据库进行操作。存储过程放在数据库中，可以把复杂的查询与客户端隔离，而只给客户提供必要的查询接口。使用存储过程的优点是性能高。存储过程在数据库服务器上执行，距离数据最近，比直接发送 SQL 语句速度要快得多。

MySQL 中存储过程的参数有以下三种类型。

in 参数的特点是：只读不写。用于读取外部变量值。

out 参数的特点是：只写入不读取。不读取外部变量值，在存储过程执行完毕后保留新值。

inout 参数的特点是：既读又写。读取外部变量值，在存储过程执行完毕后保留新值。

PreparedStatement 对象只使用 in 参数。CallableStatement 对象可以使用所有三个。

JDBC 中调用存储过程的语法如下所示。“？”表示参数的占位符，调用存储过程使用“{　}”表示。

```
{ call  过程名 () }                  //不带参数的存储过程
{ call  过程名( ? , ? , ? )}         //调用带参数的存储过程
{ ? = 过程名( ? , ? , ? )}           //有返回结果的存储过程调用
```

下面分别介绍不同存储过程的调用方法。首先，要在数据库中写好存储过程。然后在 Java 程序中调用已有的存储过程。

数据库中创建好了不带参数的存储过程，存储过程名称为 mypro()，内容如下。

```
delimiter //
CREATE PROCEDURE mypro()
BEGIN
```

```
    select * from user;
END//
```

[例3.6] 简单存储过程调用

```java
import java.sql.Connection;
import java.sql.DriverManager;
import java.sql.ResultSet;
import java.sql.SQLException;
import java.sql.CallableStatement;

publicclass CallableStatementDemo {
 publicstaticvoid test() {
        String        url="jdbc:mysql://localhost:3306/jdbc?useUnicode=
true&characterEncoding=utf-8&useSSL=false";
        String user = "root";
        String pwd = "root";
        Connection conn = null;
        CallableStatement cst = null;
        ResultSet rs = null;

    try{
       //1 注册驱动
        Class.forName("com.mysql.jdbc.Driver");
        //2 建立连接
        conn=DriverManager.getConnection(url,user,pwd);
    }
    catch(ClassNotFoundException e){
        System.out.println("加载数据库引擎失败.");
    }
    catch(SQLException sqle){
        System.out.println("数据库连接失败.");
    }
    String sql="{call mypro()}";
    try{
    //3 创建语句
    cst=conn.prepareCall(sql);
    //4 执行语句
       rs=cst.executeQuery();
    //5 处理结果
       System.out.println("编号"+"\t"+"姓名"+"\t"+" 生日"+"\t\t"+"余额");
    while(rs.next()){
        System.out.println(rs.getInt(1)+"\t"+rs.getString(2)+
            "\t"+rs.getDate(3)+"\t"+rs.getFloat(4));
    }
```

```
            } catch(SQLException sqle){
                sqle.printStackTrace();
            }
        try{
            //6 释放资源
            if(conn.isClosed() == false){
                    rs.close();
                    cst.close();
                    conn.close();
                }
            }catch (SQLException e){
                e.printStackTrace();
            }
        }
    publicstaticvoid main(String[] args) {
        test();
    }
}
```

运行结果如图 3.6 所示。

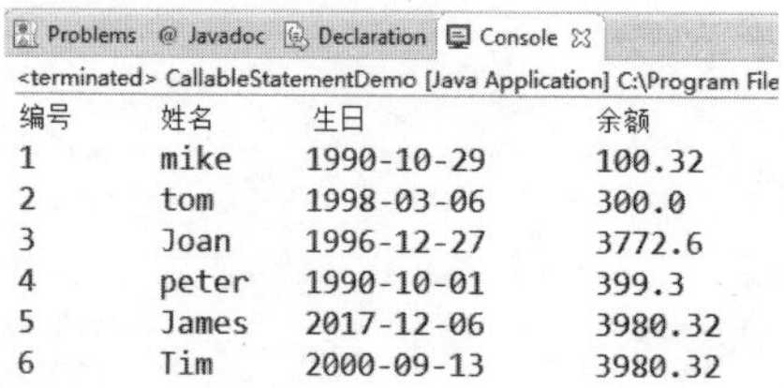

图 3.6　运行结果

　　没有参数的存储过程调用与一般语句的调用差别不大。只需要修改 SQL 语句。有参数时，SQL 语句中用 "?" 占位，表示输入参数。然后用 set×××()方法设置输入参数的值。

　　MySQL 数据库中已经创建了有输入参数（IN 型参数）的存储过程，名称为 userwithbirthday，需要输入生日，返回比输入生日日期大的结果集。存储过程内容如下。

```
delimiter //

CREATE PROCEDURE  userwithbirthday (IN birthIn  date)
BEGIN
 select * from user where birthday>birthIn;
END//
```

[例 3.7]　调用有输入参数的存储过程示例

```
import java.sql.Connection;
import java.sql.DriverManager;
```

```java
import java.sql.ResultSet;
import java.sql.SQLException;
import java.sql.CallableStatement;
import java.text.DateFormat;
import java.text.ParseException;
import java.text.SimpleDateFormat;
import java.util.Date;

public class CallableStatementWithDate {
 public static void test() {
        String          url="jdbc:mysql://localhost:3306/jdbc?useUnicode=
true&characterEncoding=utf-8&useSSL=false";
        String user = "root";
        String pwd = "root";
        Connection conn = null;
        CallableStatement cst = null;
        ResultSet rs = null;

        try{
          //1 注册驱动
           Class.forName("com.mysql.jdbc.Driver");
           //2 建立连接
          conn=DriverManager.getConnection(url,user,pwd);
        }
        catch(ClassNotFoundException e){
            System.out.println("加载数据库引擎失败.");
        }
        catch(SQLException sqle){
            System.out.println("数据库连接失败.");
        }
    String sql="{call userwithbirthday(?)}";
        try{
        DateFormat   dateFormat   =   new   SimpleDateFormat("yyyy-MM-dd
HH:mm:ss");
        Date myDate = null;
         try {
            myDate = dateFormat.parse("2000-09-13 22:36:01");
            } catch (ParseException e) {
                e.printStackTrace();
            }
         java.sql.Date sqlDate = new java.sql.Date(myDate.getTime());

        //3 创建语句
        cst=conn.prepareCall(sql);
```

```
                //用 set×××方法设置输入参数
        cst.setDate(1, sqlDate);
            //4 执行语句
            rs=cst.executeQuery();
             //5 处理结果
            System.out.println("编号"+"\t"+"姓名"+"\t"+" 生日 "+"\t\t"+"余额");
            while(rs.next()){
                System.out.println(rs.getInt(1)+"\t"+rs.getString(2)+
                        "\t"+rs.getDate(3)+"\t"+rs.getFloat(4));
            }
        } catch(SQLException sqle){
         sqle.printStackTrace();
        }
        try{
            //6 释放资源
            if(conn.isClosed() == false){
                rs.close();
                cst.close();
                conn.close();
            }
        }catch (SQLException e){
            e.printStackTrace();
        }
    }
public static void main(String[] args) {
    test();
  }
}
```

运行结果如下。

编号	姓名	生日	余额
5	James	2017-12-06	3980.32

　　某些存储过程可能会返回输出参数，这时在执行这个存储过程之前，必须使用
CallableStatement 的 registerOutParameter 方法首先登记输出参数，在 registerOutParameter
方法中要给出输出参数的相应位置以及输出参数的 SQL 数据类型。在执行完存储过程
以后，必须使用 get×××方法来获得输出参数的值，并在 get×××方法中要指出获得
哪一个输出参数（通过序号来指定）的值。

　　例如，存储过程 predOut· 有一个输入参数并返回一个输出参数，类型分别为
VARCHAR 和 FLOAT。在执行完毕后，分别使用 getFloat()方法来获得相应的值。有输
入和输出参数的存储过程内容如下。

```
delimiter //

REATE PROCEDURE predOut (nameIn varchar(45), OUT moneyOut double)
    BEGIN
      SELECT money INTO moneyout FROM user where name = nameIn;
    END//
```

[例 3.8] 调用有输入和输出参数的存储过程

```java
import java.sql.Connection;
import java.sql.DriverManager;
import java.sql.SQLException;
import java.sql.CallableStatement;

public class CallableStatementOut {
 public static void test() {
        String            url="jdbc:mysql://localhost:3306/jdbc?useUnicode=
true&characterEncoding=utf-8&useSSL=false";
        String user = "root";
        String pwd = "root";
        Connection conn = null;
        CallableStatement cst = null;

        try{
         //1 注册驱动
          Class.forName("com.mysql.jdbc.Driver");
          //2 建立连接
         conn=DriverManager.getConnection(url,user,pwd);
        }
        catch(ClassNotFoundException e){
            System.out.println("加载数据库引擎失败.");
        }
        catch(SQLException sqle){
            System.out.println("数据库连接失败.");
        }
     String sql="{ call predOut(?,?)}";
        try{
        //3 创建语句
        cst=conn.prepareCall(sql);
        //设置第1个输入参数
     cst.setString(1, "Tom");
        //设置第2个输出参数的数据类型
     cst.registerOutParameter(2, java.sql.Types.FLOAT);
        //4 执行语句
        cst.execute();
```

```
        //5 处理结果，用 get×××（）方法取得输出结果
    float money = cst.getFloat(2);
        System.out.println("存储过程执行成功，返回结果为:"+money);
         } catch(SQLException sqle){
         sqle.printStackTrace();
         }
        try{
          //6 释放资源
            if(conn.isClosed() == false){
                cst.close();
                conn.close();
            }
        }catch (SQLException e){
            e.printStackTrace();
        }
    }
 public static void main(String[] args) {
     test();
 }
}
```

运行结果如下。

存储过程执行成功，返回结果为:300.0

3.5 事务编程

事务（Transaction）是并发控制的单元，是用户定义的一个操作序列。这些操作要么都做，要么都不做，是一个不可分割的工作单位。事务中有两个关键词：Commit 和 Rollback。Commint 表示提交，即提交事务的所有操作。即事务中所有对数据的更新写回到磁盘上的物理数据库中去，事务正常结束。Rollback 表示回滚，是在事务运行的过程中发生了某种故障，事务不能继续进行，系统将事务中对数据库的所有已完成的操作全部撤销，返回到事务开始的状态。

JDBC 的数据库操作中关于事务操作的方法都位于接口 java.sql.Connection 中。在 JDBC 中，事务操作默认是自动提交。操作成功后，系统将自动调用 commit()方法提交，否则将调用 rollback()回退。可以通过调用 setAutoCommit(false)来禁止自动提交。

JDBC 处理事务时，需要使用 Java 语言中的 Connection 对事务进行操作，具体的事务对应一个数据库连接。例 3.9 中以银行转账为例演示 JDBC 中的事务处理。账户 A 转账 100 元到账户 B。数据更新分为两步，账户 A 余额减少，账户 B 余额增加。

[例 3.9]　转账事务处理

```java
import java.sql.*;

publicclass TranscactionDemo {

publicstaticvoid test() {
        String         url="jdbc:mysql://localhost:3306/jdbc?useUnicode=
true&characterEncoding=utf-8&useSSL=false";
        String user="root";
        String pwd="root";
        java.sql.Connection conn = null;
        Statement st = null;

    try{
        //1 注册驱动
         DriverManager.registerDriver(new com.mysql.jdbc.Driver());
         //2 建立连接
        conn=DriverManager.getConnection(url,user,pwd);
    //禁止自动提交，设置回退
        conn.setAutoCommit(false);
    //3 创建语句
        st=conn.createStatement();

    //4 转账 SQL 语句，分为两步。
        String sqlTransferOne = "update user set money = money - 100 where
id = 2";
        String sqlTransferTwo = "update user set money = money + 100 where
id = 1";

    //5 事务处理
        st.executeUpdate(sqlTransferOne);
        st.executeUpdate(sqlTransferTwo);

    //6 事务提交
        conn.commit();
        }catch (SQLException e){
           e.getMessage();
         try {
            //操作不成功则回退
            conn.rollback();
            }catch(Exception ex){
                ex.printStackTrace();
            }
    }
```

```
    }

    publicstaticvoid main(String[] args) throws SQLException {
        test();
    }
}
```

使用事务处理两条更新语句，要么都成功执行，要么都不执行，保证了数据的一致性。

习题 3

1. 使用 JDBC 连接 MySQL 数据库。

2. 将例 3.1 中的 URL 改为使用 IP 地址。

3. ResultSet 是否有容量限制？

4. 下面的描述错误选项是（   ）。

    A. Statement 的 executeQuery()方法会返回一个结果集

    B. Statement 的 executeUpdate()方法会返回是否更新成功的 boolean 值

    C. 使用 ResultSet 中的 getString()可以获得一个对应于数据库中 char 类型的值

    D. ResultSet 中的 next()方法会使结果集中的下一行成为当前行

5. 在 JDBC 中使用事务，想要回滚事务的方法是（   ）。

    A. Connection 的 commit()

    B. Connection 的 setAutoCommit()

    C. Connection 的 rollback()

    D. Connection 的 close()

6. 在 JDBC 编程中执行完下列 SQL 语句：SELECT name, rank, serialNo FROM employee, 能得到 rs 的第一列数据的代码是哪两个？（   ）

    A. rs.getString(0);

    B. rs.getString("name");

    C. rs.getString(1);

    D. rs.getString("ename");

7. 下列选项有关 ResultSet 说法错误的是哪一个？（   ）

    A. ResultSet 是查询结果集对象，如果 JDBC 执行查询语句没有查询到数据，那么 ResultSet 将会是 null 值

    B. 判断 ResultSet 是否存在查询结果集，可以调用它的 next()方法

    C. 如果 Connection 对象关闭，那么 ResultSet 也无法使用

    D. 如果一个事物没有提交，那么 ResultSet 中看不到事物过程中的临时数据

8. 执行 SELECT COUNT(*) FROM emp;这条 SQL 语句，如果员工表中没有任何数据，那么 ResultSet 中将会是什么样子？（   ）

    A. null

    B. 有数据

    C. 不为 null，但是没有数据

第4章

JDBC 高级技术

　　JDBC 为访问不同的数据库提供了一种统一的途径，是面向接口编程的一种体现。JDBC 的目标是使 Java 程序员可以连接任何提供了 JDBC 驱动程序的数据库系统，这样就使得程序员无须对特定的数据库系统的特点有过多的了解，从而大大简化和加快了开发过程。本章主要介绍 JDBC 的高级技术，包括 JDBC 2.0 API、数据库连接池、数据源与 JDNI、DAO 编程模式等。

4.1 JDBC 2.0 API

JDBC 2.0 API 包括两部分：JDBC 2.0 核心 API 和 JDBC 2.0 标准扩展 API。核心 API 在 java.sql 包中，这是 JDBC 1.0 版本中就已经实现的基本功能。而标准扩展 API 在 javax.sql 包中，包含 JDBC 2.0 规范中新增加的一些接口。当然，JDBC 2.0 也对原来版本的 java.sql 包中的部分 API 做了一些改动，虽然改动不是很大，原来 JDBC 1.0 的程序可以不加修改即可在 JDBC 2.0 上运行。

JDBC 2.0 的扩展 API 中增加了一些数据访问和数据源访问的重大功能，其中有一些主要用来进行企业级应用开发。通过 JDBC 2.0 的新扩展包，JDBC 提供了一个在 Java 平台上通用的数据访问方法。

JDBC 2.0 主要包括以下两个包。

- ❑ java.sql 包，该包中包含 JDBC 2.0 的核心 API。它包括原来的 JDBC API（JDBC 1.0 版本），再加上一些新的 2.0 版本的 API。这个包在 Java 2 Platform SDK 里面有。
- ❑ javax.sql 包，该包中包含 JDBC 2.0 的标准扩展 API。这个包是一个全新的，在 Java 2 Platform SDK, Enterprise Edition 里面单独提供。

JDBC 2.0 的核心 API 包括 JDBC 1.0 的 API，并在此基础上增加了一些功能，对某些性能做了增强，使 Java 语言在数据库计算的前端提供了统一的数据访问方法，同时效率也得到了提高。JDBC 是向后兼容的，JDBC 1.0 的程序可以不加修改地运行在 JDBC 2.0 上。但是，如果程序中用到了 JDBC 2.0 的新特性，就必须要运行在 JDBC 2.0 版本上。

概括来说，JDBC 核心 API 的新特性在两个方面做了工作，一个是支持一些新的功能，另一个就是支持 SQL3 的数据类型。在支持新功能方面，主要包括结果集（ResultSet）可以向后滚动、批量更新数据等。另外，还提供了 Unicode 字符集的字符流操作。而在支持 SQL3 的数据类型方面，主要包括新的 SQL3 数据类型，以及增加了对持久性对象的存储。

为了对数据的存取、操作更加方便，JDBC 的新特性使应用程序的开发变得更容易了。例如，数据块的操作能够显著地提高数据库访问的性能。新增加的 BLOB（Binary Large Object，二进制大对象）、CLOB（Character Large Object，字符大对象）和数组接口能够使应用程序操作大块的数据类型，而客户端不需要进行额外的特殊处理。这样，就显著地提高了内存的使用效率。

JDBC 2.0 的标准扩展 API 主要包括下面几个方面。

- ❑ DataSource 接口：和 Java 名字目录服务（JNDI）一起工作的数据源接口。
- ❑ Connection pooling（连接池）：可以重复使用连接，而不是对每个请求都使用一个新的连接。
- ❑ Distributed transaction（分布式的事务）：在一个事务中涉及多个数据库服务器。
- ❑ RowSets：是一个 JavaBean 组件，其中包含查询的结果集，主要用来将数据传给瘦客户，或者提供一个可以滚动的结果集。

以下分而述之。

4.1.1 DataSource 接口

DataSource 接口是一个更好的连接数据源的方法。在 JDBC 1.0 中，一般调用 DriverManager 类的 getConnection 方法（有重载的多个版本）来获得对指定数据来源的连接（Connection）对象。JDBC 2.0 中推出了一种替代的方法——基于 DataSource 的实现方法，代码变得更小巧精致，也更容易控制。

一个 DataSource 对象代表了一个真正的数据源。根据 DataSource 的实现方法，数据源既可以是关系数据库、Excel 电子表格，也可以是一个表格形式的文件。一个 DataSource 对象已经注册到命名服务（JNDI）之后，应用程序就可以通过命名服务来获得 DataSource 对象，并用它来产生一个与 DataSource 代表的数据源之间的连接（Connection）对象。

关于数据源的信息以及如何来定位数据源，例如，数据库服务器的名称、在哪台机器上、端口号等，都包含在 DataSource 对象的属性中了。这样，对应用程序的开发来说就更简便，因为不再需要硬性地把驱动的名称写到程序里面去。通常驱动名称中都包含驱动提供商的名字，而使用 DriverManager 类时通常就是这么做的。如果数据源要改变到另一个数据库，数据访问层的代码也很容易做修改。所需要做的修改只是更改 DataSource 的相关属性，而使用 DataSource 对象的代码则不需要做任何改动，这样就降低了耦合，提高了程序的可维护性。

一般情况下，由系统管理员或者有相应权限的人来配置 DataSource 对象。配置 DataSource，包括设定 DataSource 的属性，然后将它注册到 JNDI 命名服务中去。在注册 DataSource 对象的过程中，系统管理员需要把 DataSource 对象和一个逻辑名称关联起来。名称可以是任意的，通常取能代表数据源并且容易记忆的名称。例如，名称可以是 ecommerceDB。按照惯例，逻辑名称通常都在 jdbc 的子上下文中。这样，逻辑名称的全名就是 jdbc/ ecommerceDB。

一旦配置好了数据源对象，应用程序开发人员就可以用它来获得一个与数据源的连接对象。下面的代码片段展示了如何用 JNDI 上下文获得一个数据源对象，然后如何用数据源对象产生一个与数据源的连接，其中前两行调用了 JNDI 的 API，第三行调用了 JDBC 的 API。

```
Context ctx = new InitialContext();
DataSource ds = (DataSource) ctx.lookup("jdbc/ecommerceDB");
Connection con = ds.getConnection("username", "password");
```

在一个基本的 DataSource 实现中，DataSource 的 getConnection 方法返回的 Connection 对象和用 DriverManager 的 getConnection 方法返回的 Connection 对象是完全相同的。考虑到 DataSource 带来的便利，因此推荐通过 DataSource 对象来获得一个 Connection 对象。基于 JDBC 2.0 技术的数据库驱动都包含一个基本的 DataSource 实现，因此在应用程序中可以很容易地使用这些驱动程序。

对于普通的应用程序开发人员，是否使用 DataSource 对象是一个备选方案。但是，对于那些需要使用连接池或分布式事务的应用程序开发人员来说，就必须通过 DataSource 对象来获得 Connection 对象。

4.1.2 Connection pooling（连接池）

连接池的机制是：当应用程序关闭一个 Connection 对象时，这个连接对象被连接池回收，而不是被销毁，因为建立一个连接对象是很费资源的操作。如果能把回收的连接对象重新利用，会大大降低新创建连接对象的数目，从而显著地提高程序的性能。

例如，应用程序需要获得一个名称为 ecommerceDB 的 DataSource 的连接对象，使用连接池获得连接对象的代码如下。

```
Context ctx = new InitialContext();
DataSource ds = (DataSource)ctx.lookup("jdbc/ecommerceDB");
Connection con = ds.getConnection("username", "password");
```

除了逻辑名称之外，其代码和上面举的例子的代码是一样的。逻辑名称不同，就可以连接到不同的数据库。DataSource 对象的 getConnection 方法返回的 Connection 对象是否是一个连接池中的连接，这完全取决于 DataSource 对象的实现方法。如果 DataSource 对象的实现是与一个支持连接池的中间层的服务器一起工作的，那么该 DataSource 对象就会自动地返回连接池中的连接对象，而这个连接对象也是可以重复使用的。

是否使用连接池获得一个连接，从应用程序的代码上是无法分辨识别的。在获得的 Connection 对象的使用上也并没有什么特殊之处。需要注意的是，务必在 try-catch-finally 结构里的 finally 语句块中来关闭连接对象。在 finally 中关闭连接对象是一个好的编程习惯。这样，即使有某个方法抛出了异常，Connection 对象也会被关闭并回收到连接池中去，代码如下所示。

```
try{
//数据访问代码
}catch () {
//异常处理代码
}finally{
if (con!=null)  con.close();
}
```

4.1.3 分布式事务

获得一个用来支持分布式事务的连接对象与从连接池中获得连接对象是很相似的。同样，不同之处仅在于 DataSource 的实现上的差异，而在应用程序中获得连接对象的方式上则并没有特殊之处。假设 DataSource 的实现可以与支持分布式事务中间层服务器一起工作，则获得连接对象的代码还是如下所示。

```
Context ctx = new InitialContext();
DataSource ds = (DataSource) ctx.lookup("jdbc/ecommerceDB");
Connection con = ds.getConnection("username", "password");
```

由于性能上的原因，如果一个 DataSource 能够支持分布式的事务，它同样也可以支持连接池管理。

从应用程序设计者的观点来看，是否支持分布式的事务的连接对它来说没什么不同，唯一的不同是在事务的边界（开始一个事务的地方和结束一个事务的地方）上。一个事务的开始和结束都是由事务服务器来控制的。应用程序不应该做任何可能妨碍服务的事情。应用程序不能够直接调用事务提交（commit）或回滚（rollback）操作，也不能够使用事务的自动提交模式（auto-commit mode），即在数据库操作完成的时候自动地调用 commit 或者 rollback）。

在一个连接参与了分布式事务的时候，下面的代码是在应用程序中不能做的（conn 表示支持分布式事务的连接 Connection 对象）。

```
conn.commit();
conn.rollback();
conn.setAutoCommit(true);
```

对于普通的 Connection 对象来说，默认的提交方式即为 auto-commit 模式。而对于支持分布式事务的 Connection 对象来说，默认值则不是 auto-commit 模式。需要注意的是，即使 Connection 对象是支持事务的，它也可以用于没有事务的情况。关于事务边界的限制只有在分布式事务的情况下才是成立的。

配置支持连接池的 DataSource 时，涉及配置 ConnectionPool-DataSource 对象。这个对象是由三层体系结构中的中间层来进行连接池的管理。同样地，在配置支持分布式事务的时候，需要配置 XADataSource。XADataSource 是中间层用来管理分布式事务的对象。ConnectionPool-DataSource 和 XADataSource 是由驱动提供商提供的，对应用程序的设计者来说是透明的。和基本的 Data Source 一样，系统管理员来配置 ConnectionPoolDataSource 和 XADataSource 对象。

● 4.1.4 结果集

结果集对象是一行行数据的容器。根据其目的，可以通过多种方法实现。RowSet 及其相关的接口与 JDBC2.0 的标准扩展 API 有点儿不同，它们并不包含在 JDBC 驱动程序中，RowSet 是基于驱动程序来实现的，可以由其他任何公司/组织来实现。

任何类型的 rowset 都实现了 RowSet 接口，RowSet 接口扩展了 ResultSet 接口。这样 RowSet 对象就有了 ResultSet 对象所有的功能，包括：能够通过 get××× 方法得到数据库中的某列值、通过 update××× 方法可以修改某列值、可以移动光标、使当前行变为另一行等。

当然，让人更感兴趣的是 RowSet 接口提供的新功能。作为一个 JavaBean 组件，RowSet 对象可以增加或者删除一个 listener（监听者），也可以 get 或 set 其属性值。在 RowSet 对象的属性中，有一个类型为 String、表示对数据库查询请求的属性。RowSet 接口定义了设定该参数的方法，也提供了执行这个请求的方法。这意味着 RowSet 对象能够执行查询请求，也可以根据该查询得到的结果集进行计算。同时，由于 RowSet 也可以根据任何表格数据源进行计算，因此它并不局限于关系数据库。

从数据源得到数据之后，RowSet 对象可以和数据源断开连接，RowSet 对象也可以被序列化。这样，RowSet 就可以通过网络传递给瘦客户端。RowSet 可以被重新连接到数据源，这样，做的修改就可以存回到数据源中去。如果产生了一个监听者（listener），当 RowSet 的当前行移动或者数据被修改的时候，监听者就会收到通知。例如，图形用户界面组件可以注册成为监听者，当 RowSet 更改的时候，图形用户界面接到通知，就可以修改界面，以便与该界面所监听（有时候也称为绑定）的 RowSet 对象中的数据保持一致。

与 CachedRowSet 类不同的是，JDBCRowSet 类总是保持一个和数据源的连接。这样，在 ResultSet 外围简单地增加了一层，使基于 JDBC 技术的驱动程序看起来就像是一个简单的 JavaBean 组件一样。

总体上来说，JDBC 2.0 标准扩展 API 通过将 DataSource 注册到 JNDI 名称服务上，将 JDBC 技术扩展为一个全新的概念，使应用程序的代码更加精巧、易于控制。新的 API 增加了对连接池和分布式事务的支持。最后，还使 Java 应用程序可以在网络上传播结果集对象（RowSet），使不可以滚动的 ResultSet 变成了可以滚动的 RowSet。

4.2　连接池

在最原始的数据访问层编程技术中，用户的每次请求都需要向数据库获得一个新的连接对象，而获得一个新的数据库连接对象通常需要消耗相对较大的资源，创建时间也较长。如果一个基于 B/S 的系统一天有 10 万次的点击量，那么数据库服务器就需要创建 10 万次连接，这对数据库的资源是极大的浪费，同时也极易造成数据库服务器内存溢出。在应用程序中，每次都重新获取新的连接对象的情况如图 4.1 所示。

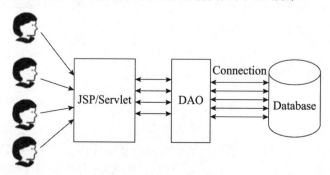

图 4.1　应用程序直接获取数据库连接对象

4.2.1　连接池的基本概念

数据库连接是一种关键的、有限的、昂贵的资源，这一点在多用户的 Web 应用程序中体现得尤为突出。对数据库连接的管理能显著地影响到整个应用程序的伸缩性和健壮性，影响到程序的性能指标。数据库连接池是为解决这个问题提出的一种技术方案。数据库连接池负责分配、管理和释放数据库连接，允许应用程序重复使用一个现有的数据库连接，而不是每一次都重新建立一个新的数据库连接对象，如图 4.2 所示。

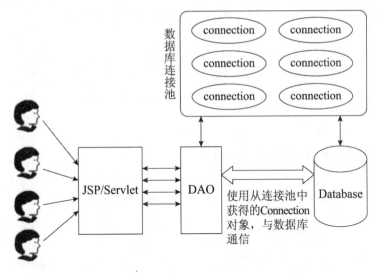

数据库连接池

connection   connection
connection   connection
connection   connection

JSP/Servlet ⟷ DAO   使用从连接池中
获得的Connection
对象，与数据库
通信   Database

图 4.2 应用程序通过连接池获得数据库连接对象

数据库连接池在初始化时将创建一定数量的数据库连接对象放到连接池中，这些数据库连接对象的数量是由最小数据库连接数来设定的。无论这些数据库连接对象是否被使用，连接池都将一直保证至少拥有这么多的连接数量。连接池的最大数据库连接数量限定了这个连接池可以包含的最大连接数量，当应用程序向连接池请求的连接数超过最大连接数量时，这些请求将被加入到等待队列中。

数据库连接池的最小连接数和最大连接数的设置要考虑到以下几个因素。

（1）最小连接数是连接池一直保持的数据库连接，所以如果应用程序对数据库连接的使用量不大，将会有大量的数据库连接资源被浪费。

（2）最大连接数是连接池能申请的最大连接数，如果数据库连接请求超过最大连接数，后面的数据库连接请求将被加入到等待队列中，这会影响以后的数据库操作。

（3）如果最小连接数与最大连接数相差很大，那么最先发起连接请求的应用程序将会获利，之后超过最小连接数量的连接请求等价于建立一个新的数据库连接。不过，这些大于最小连接数的数据库连接在使用完不会马上被释放（即断开与数据库的连接），它们将被重新放回到连接池中等待重复使用。

4.2.2 编写数据库连接池

编写连接池需实现 DataSource 接口（在 java.sql 包中）。DataSource 接口中定义了两个重载的 getConnection 方法：

```
Connection  getConnection()
Connection  getConnection(String name, String password)
```

实现 DataSource 接口，并实现连接池功能的步骤主要如下。

（1）在 DataSource 构造方法中批量创建数据库连接对象，并把创建的连接对象加入到一个集合（例如 Collection 或 Map 接口的对象）对象中。

（2）实现 getConnection 方法，让 getConnection 方法每次被调用时，从步骤 1 中的集合对象里取出一个 Connection 对象并返回。

（3）当应用程序使用完 Connection 对象之后，调用 Connection 对象的 close()方法时，Collection 对象应保证将自己返回到步骤 1 中的集合对象里，而不是把 Connection 对象还给数据库（即释放与数据库的连接）。Collection 保证将自身对象返回到集合对象中是此处编程的重点和难点。

4.2.3 开源数据库连接池

现在很多 Web 服务器（WebLogic、WebSphere、Tomcat 等）都提供了 DataSource 的实现，即连接池的实现。通常把 DataSource 的实现按其英文含义称之为数据源，数据源中都包含数据库连接池的实现。也有一些开源组织提供了数据源的独立实现，例如，DBCP 数据库连接池、C3P0 数据库连接池等。在使用了数据库连接池之后，在项目的实际开发中就不需要编写连接数据库的代码了，而是直接从数据源获得数据库的连接。

1. DBCP 数据源

DBCP 是 Apache 软件基金组织下的开源连接池实现，其下载地址为 http://commons.apache.org/proper/commons-dbcp/download_dbcp.cgi。Tomcat 的连接池正是采用该连接池来实现的。该数据库连接池既可以与应用服务器整合使用，也可由应用程序独立使用。对于不同的 JDBC 版本，Apache DBCP 主要提供了以下三个版本。

（1）DBCP 2.1.1 for JDBC 4.1（Java 7+）；

（2）DBCP 1.4 for JDBC 4（Java 6）；

（3）DBCP 1.3 for JDBC 3（Java 1.4 and Java 5）。

以 Java 7+为例，要使用 DBCP 数据源，从上述官网下载文件 commons-dbcp2-2.1.1-bin.zip。把解压缩后的 commons-dbcp2-2.1.1.jar 文件添加到项目中，即可使用。需要注意的是，DBCP 2（包括 DBCP 2.1.1）需要 JDK 7.0 或以上版本。由于使用 DBCP 数据源获得的连接对象使用了连接池，因此在项目中还需要添加相关的 jar 包。Apache Commons Pool 的网址为 http://commons.apache.org/proper/commons-pool/download_pool.cgi。与 DBCP 2 共同工作的版本可以使用 Apache Commons Pool 2.4.3。因此，需要在开发的项目中添加如下 jar 包。

（1）commons-dbcp2-2.1.1.jar：连接池的实现。

（2）commons-pool2-2.4.3.jar：连接池实现的依赖库。

2. C3P0 数据源

C3P0 是一个开源的 JDBC 连接池，它实现了数据源和 JNDI 绑定，支持 JDBC 2 的标准扩展和 JDBC 3 规范。目前使用它的开源项目有 Hibernate、Spring 等。C3P0 数据源在项目开发中使用得比较多。C3P0 与 DBCP 的区别在于：DBCP 没有自动回收空闲连接的功能，而 C3P0 有自动回收空闲连接功能。C3P0 的下载地址为 https://sourceforge.net/projects/c3p0/。

4.3　数据源与 JNDI

JNDI（Java Naming and Directory Interface，Java 命名和目录接口）对应于 J2SE 中的 javax.naming 包。这套 API 的主要作用在于：它可以把 Java 对象放在一个容器（JNDI容器）中，并为容器中的 Java 对象取一个名称，如果应用程序需要获得 Java 对象，通过名称检索即可。JNDI 中的核心 API 为 Context，它代表了 JNDI 容器，调用其 lookup 方法即可检索并获得容器中对应名称的对象。

Tomcat 服务器创建的数据源是以 JNDI 资源的形式发布的，因此在 Tomcat 服务器中配置一个数据源实际上就是在配置一个 JNDI 资源，使用如下的方式配置 Tomcat 服务器的数据源。

```
<Context>
<Resource
name="jdbc/ecommerceDB" auth="Container"
type="javax.sql.DataSource"
username="ecommerce" password="cnedubuu"
driverClassName="com.mysql.jdbc.Driver"
url="jdbc:mysql://localhost:3306/ecommerce"
maxActive="8" maxIdle="4" />
</Context>
```

服务器创建好数据源之后，应用程序应该如何使用这个数据源呢？Tomcat 服务器创建好数据源之后是以 JNDI 的形式绑定到一个 JNDI 容器中的。可以把 JNDI 想象成一个大的容器，可以往这个容器中存放一些对象和资源。JNDI 容器中存放的对象和资源都会有一个独一无二的名称，应用程序从 JNDI 容器中获取资源时，只需要告诉 JNDI容器要获取的资源的名称即可，JNDI 根据名称去找到对应的资源后返回给应用程序。在 Java EE 开发中，服务器会为应用程序创建很多资源，比如 request 和 response 对象。应用程序使用服务器创建的这些资源主要有两种方式：第一种是通过方法参数的形式传递进来，例如，在 Servlet 的 doPost 和 doGet 方法中使用到的 request 和 response 对象就是服务器以参数的形式传递给应用程序的；第二种就是 JNDI 的方式，服务器把创建好的资源绑定到 JNDI 容器中去，应用程序使用资源时，就直接从 JNDI 容器中获取相应的资源即可。

对于上面的 name="jdbc/ecommerce"的数据源资源，在应用程序中可以用如下的代码去获取。

```
Context initCtx = new InitialContext();
Context envCtx = (Context) initCtx.lookup("java:comp/env");
dataSource = (DataSource)envCtx.lookup("jdbc/ecommerce");
```

4.4　JDBC 3.0

JDBC 3.0 随 JDK 1.4 一起发布，新增的特性主要如下。

1．元数据 API

DatabaseMetaData 接口可以检索 SQL 类型的层次结构，而一种新的 ParameterMetaData 接口可以描述 PreparedStatement 对象中参数的类型和属性。

2．CallableStatements 中已命名的参数

在 JDBC 3.0 之前，设置一个存储过程中的一个参数要指定它的索引值，而不是它的名称。CallableStatement 接口已经被更新了，现在可以使用名称来指定参数。

3．数据类型的改变

JDBC 所支持的数据类型做了几个改变，其中之一是增加了两种新的数据类型：java.sql.Types.DATALINK 和 java.sql.Types.BOOLEAN。其中，DATALINK 提供了对外部资源的访问或 URL，而 BOOLEAN 类型则在逻辑上和 BIT 类型是等价的，只是增加了在语义上的含义。DATALINK 列值是通过使用新的 getURL()方法从 ResultSet 的一个实例中检索到的，而 BOOLEAN 类型的值可以通过调用 ResultSet 对象的 getBoolean()方法来获得。

4．检索自动产生的关键字

JDBC 3.0 API 能够轻松地获取自动产生的或自动增加的关键字的值。要确定任何所产生的关键字的值，只要简单地在语句的 execute()方法中指定一个可选的标记，表示有兴趣获取产生的值。开发人员感兴趣的程度可以是 Statement.RETURN_GENERATED_KEYS，也可以是 Statement.NO_GENERATED_KEYS。在执行这条语句后，所产生的关键字的值就可以通过调用 Statement 的实例方法 getGeneratedKeys() 来获得，ResultSet 对象中包含每个所产生的关键字的列，示例代码如下。

```
Statement stmt = conn.createStatement();
stmt.executeUpdate("INSERT INTO authors "
+"(first_name, last_name) "
+ "VALUES ('George', 'Orwell')",
Statement.RETURN_GENERATED_KEYS);
ResultSet rs = stmt.getGeneratedKeys();
if ( rs.next() ) {
    //Retrieve the auto generated key(s).
int key = rs.getInt();
}
```

5. 连接器关系

J2EE 连接器体系结构指定了一组协议，允许企业的信息系统以一种可插入的方式连接到应用服务器上。这种体系结构定义了负责与外部系统连接的资源适配器。连接器服务提供者接口（The Connectors Service Provider Interface，SPI）可以和 JDBC 接口提供的服务紧密配合，协同工作。

JDBC API 实现了连接器体系结构定义的三个协议中的两个。第一个是将应用程序组件与后端系统相连接的连接管理，它是由 DataSource 和 ConnectionPoolDataSource 接口实现的。第二个是支持对资源的事务性访问的事务管理，它是由 XADataSource 处理的。第三个是支持后端系统的安全访问的安全性管理，在这点上，JDBC 规范并没有任何对应点。尽管有这个不足，JDBC 接口仍能映射到连接器 SPI 上。如果一个驱动程序厂商将其 JDBC 驱动程序映射到连接器系统协议上，它就可以将其驱动程序部署为资源适配器，并因此具备了即插即用、封装和在应用服务器中部署等优点。这样，一个标准的 API 就可以在不同种类的企业信息系统中，供企业开发人员使用。

6. ResultSet 可保持性

一个可保持的游标（或结果）是指该游标在包含它的事务被提交后，也不会自动地关闭。JDBC 3.0 增加了对指定游标可保持性的支持。要制定 ResultSet 的可保持性，开发人员必须在使用 createStatement()、prepareStatement()或 prepareCall()方法准备编写一条 SQL 语句时就这么做。总的来说，在事务提交之后关闭游标操作会带来更好的性能。除非在事务结束后还需要该游标，否则最好在执行提交操作后将其关闭。因为规范没有规定 ResultSet 的默认的可保持性，所以具体行为还将取决于执行情况。然而，希望在可以使用 JDBC 3.0 驱动程序时，大多数执行在事务结束后仍旧会关闭游标。

7. 返回多重结果

JDBC 2 规范的一个局限是，在任意时刻，返回多重结果的语句只能打开一个 ResultSet。JDBC 3.0 规范对此进行了修改，允许 Statement 接口支持多重打开的 ResultSet 对象。然而，重要的是，execute()方法仍然会关闭任何以前 execute()调用后打开的 ResultSet 对象。因此，为支持多重打开的查询结果 ResultSet，Statement 接口中增加了一个重载的 getMoreResults()方法。该方法会做一个整数标记，在 getResultSet()方法被调用时指定前一次打开的 ResultSet 对象的行为。

8. 连接池

JDBC 3.0 定义了几个标准的连接池属性。开发人员并不需要直接调用 API 去修改这些属性，而是通过应用服务器或数据存储设备实现。由于开发人员只会间接地被连接池属性的标准化所影响，因此有利之处并不明显。然而，通过减少厂商特定设置的属性的数量并用标准化的属性来代替它们，开发人员能更容易地在不同厂商的 JDBC 驱动程序之间进行切换。另外，管理员可以通过设置这些属性很好地优化连接池，从而使应用程序的性能特点发挥到极致。

9. 预备语句池

除了改进对连接池的支持以外，JDBC 3.0 也支持预编译 SQL 语句的缓存。预备语句允许开发人员使用常用的 SQL 语句然后预编译它，从而在这条语句被多次执行的情况下大幅度地提升性能。同时，建立一个 PreparedStatement 对象会带来一定的系统开销。因此，在理想情况下，这条预编译 SQL 语句的生命周期应该足够长，以弥补它所带来的系统开销。有时候，为了提高程序的性能，会修改程序的对象模型以延长 PreparedStatement 对象的生命周期。JDBC 3.0 让开发人员不再为此担心，因为数据源层现在负责为预备语句进行缓存。相应的代码和已有的基于 JDBC 2.0 API 的代码并没有什么差异，这是由于预编译 SQL 语句的缓冲完全是在内部实现的。这就意味着，在 JDBC 3.0 下，现存的代码可以自动地利用预编译语句池。

4.5　JDBC 4.0

JDBC 4.0 中新增的特性主要如下。

1. Java DB

安装了 JDK 6 之后，除了传统的 bin、jre 等目录之外，JDK 6 还新增了一个名为 db 的目录。这便是 Java 6 的新成员 Java DB。这是一个纯 Java 实现的开源的数据库管理系统（DBMS），源于 Apache 软件基金会（ASF）名下的项目 Derby，只有 2MB 大小。

2. 自动加载驱动

Java.sql.DriverManager 的内部实现机制导致下列编程方式的频繁使用：先通过 Class.forName 方法找到特定驱动的 class 文件之后，再调用 DriverManager 的 getConnection 方法获得和数据库的连接。这样的代码给应用程序的开发带来了不必要的负担，JDK 的开发者也意识到了这一点。从 Java 6 开始，应用程序不再需要显式地加载驱动程序了，DriverManager 开始能够自动地承担这项任务。

3. RowId

熟悉 DB2、Oracle 等大型 DBMS 的人一定不会对 RowId 这个概念陌生：它是数据表中一个"隐藏"的列，是每一行独一无二的标识，其作用是表明这一行的物理或者逻辑位置。由于 RowId 类型的广泛使用，Java 6 中新增了 java.sql.RowId 这一数据类型，允许使用 JDBC 的应用程序能够访问 SQL 中的 RowId 类型。由于不是所有的 DBMS 都支持 RowId 类型，即使支持不同的 RowId 也会有不同的生命周期。因此，一般通过 DatabaseMetaData 的 getRowIdLifetime 方法来判断类型的生命周期。

4. SQL/XML

SQL 2003 标准引入了 SQL/XML，作为 SQL 标准的扩展，SQL/XML 定义了 SQL

怎样和 XML 交互：如何创建 XML 数据，如何在 SQL 语句中嵌入 XQuery 表达式等。作为 JDBC 4.0 的一部分，Java 6 增加了 java.sql.SQLXML 的类。JDBC 应用程序可以利用该类进行 XML 数据的初始化、读取以及存储。通过调用 java.sql.Connection 类的 createSQLXML()方法就可以创建一个空白的 SQLXML 对象。在获得这个对象之后，便可以利用 setString()、setBinaryStream()、setCharacterStream()或者 setResult()等方法来初始化所表示的 XML 数据。

5. SQLExcpetion 的增强

在 Java SE 6 之前，有关 JDBC 的异常类不超过 10 个。这似乎已经不足以描述日渐复杂的数据库异常情况。因此，Java SE 6 的设计人员对以 java.sql.SQLException 为根的异常体系做了大幅度的改进。Java 6 中新增的异常类被分为三种：SQLReoverableException、SQLNonTransientException 和 SQLTransientException。在 SQLNonTransientException 和 SQLTransientException 之下还有若干子类，详细地区分了 JDBC 程序中可能出现的各种错误情况。大多数子类都会有对应的标准 SQLState 值，很好地将 SQL 标准和 Java 6 类库结合在一起。

4.6 DAO 编程模式

DAO（Data Access Object）即数据访问对象。使用 DAO 设计模式，封装数据库持久层（数据库）的所有操作（CRUD），使低级的数据逻辑和高级的业务逻辑分离，达到解耦合的目的。持久化是将程序中的数据在瞬时状态下和持久状态间转换的机制。持久化的主要操作包括：读取、查找、保存、修改、删除。DAO 在实体类与数据库之间起着转换器的作用，能够把实体类转换为数据库中的记录。DAO 模式的作用主要是：隔离业务逻辑代码和数据访问代码，隔离不同数据库的实现。

典型的 DAO 实现一般有以下组成部分。

（1）数据库连接和关闭工具类，封装与数据库交互的操作，通过 JDBC 实现对数据库的连接。

（2）实体类，也称值对象（Value Object，VO）类，主要用属性、getter()、setter()组成。VO 类中的属性与数据库中的字段一一对应，每一个 VO 对象对应数据库表中的一条记录。

（3）DAO 接口，定义对 VO 对象操作的接口。

（4）DAO 实现类，实现 DAO 接口。

基于 DAO 模式的分层开发流程如下。

（1）创建数据库连接类。

（2）创建实体类（VO 类），实体类和相应的数据库的表是对应的。

（3）创建具体表的 DAO 接口。

（4）创建具体表的 DAO 实现类。

（5）创建业务逻辑层类。

（6）创建测试类。

本例将以 User 表为例，展示 DAO 分层模式的实现。MySQL 数据库中已有 User 表，属性包括：用户 ID、用户名、密码、电话和地址。

DAO 模式的核心类图如图 4.3 所示。

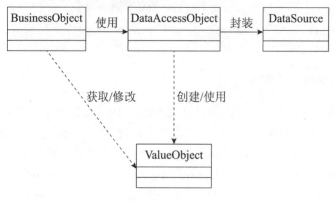

图 4.3　DAO 实现类图

（1）创建数据库源类（DataSource）和数据库连接类（DBUtil），封装数据库属性和数据库连接操作。DataSource 类为后续修改数据源信息提供方便。

```
publicclass DataSource {
publicstaticfinal   String user="root";
publicstaticfinal   String password="root";
publicstaticfinal   String driverCalss=" com.mysql.jdbc.Driver";
publicstaticfinal       String   url="jdbc:mysql://localhost:3306/jdbcDB?
useUnicode=true&characterEncoding=utf-8&useSSL=false";}
```

DBUtil 类包括获得数据库连接方法和关闭连接方法。

```
import java.sql.*;
publicclass DBUtil {
    publicstatic Connection getConnection(){
    Connection conn=null;
    try{
     Class.forName(DataSource.driverCalss);
    conn=DriverManager.getConnection(DataSource.url,DataSource.user,DataSo
urce.password);
    }
    catch(ClassNotFoundException e){
        e.printStackTrace();
        System.out.println("加载驱动错误");
    }
    catch(SQLException ex){
        ex.printStackTrace();
        System.out.println("连接数据库错误");
    }
```

```
        return conn;
    }

    publicstaticvoid close(Connection conn){
        try {
            if (conn != null& conn.isClosed() == false) {
                conn.close();

            }
        }catch (SQLException e) {
                e.printStackTrace();
        }
    }
}
```

（2）创建实体类 UserBean，属性与 User 表一致，及相应的 get/set 方法。

```
//图 4.3 中的 ValueObject

publicclass UserBean {
        private int userId;
        private String username;
        private String  password;
        private String  email;
        private String  mobile;
//省略 get/set 方法
    }
```

（3）创建 User 表的 DAO 接口。

```
publicinterface UserDao {
    //原理图中的 DataAccessObject
    //用户注册
    publicboolean register(UserBean user);
    //登录
    publicboolean login(String username, String password);
    //根据姓名检查
    publicboolean checkByName(String username);
    //注销
    publicboolean cancel(String username);
}
```

（4）创建 User 表的 DAO 实现类。

```
publicclass UserDaoImpl implements UserDao{
        //注册用户
    publicboolean register(UserBean user) {
        PreparedStatement pstmt=null;
```

```java
        boolean flag=false;
        int result;
        Connection conn=DBUtil.getConnection();
        String sql="INSERT INTO userinfo(userid,username,password,mobile,
email) " + " VALUES(?,?,?,?,?)";
    try{
        pstmt=conn.prepareStatement(sql);
        pstmt.setInt(1,user.getUserId());
        pstmt.setString(2, user.getUsername());
        pstmt.setString(3, user.getPassword());
        pstmt.setString(4,user.getMobile());
        pstmt.setString(5, user.getEmail());

        result=pstmt.executeUpdate();

        if(result !=0){
            flag=true;
            System.out.println("register success.");
        }
    }catch(SQLException e){
        e.printStackTrace();
    }
        DBUtil.close(conn);
        return flag;
    }


    publicboolean login(String username, String password) {

        PreparedStatement pstmt=null;
        boolean flag=false;
        ResultSet result;
        Connection conn= DBUtil.getConnection();
        String sql="SELECT * from userinfo " +
                " where username=? and password=?";
    try{
        pstmt=conn.prepareStatement(sql);
        pstmt.setString(1, username);
        pstmt.setString(2, password);

        result=pstmt.executeQuery();

        if(result !=null){
            flag=true;
            System.out.println("login success.");
```

```
        }
    }catch(SQLException e){
    e.printStackTrace();
    }
        DBUtil.close(conn);
    return flag;
 }
public boolean cancel(String username) {
    PreparedStatement pstmt=null;
    boolean flag=false;
    int result;
    Connection conn=DBUtil.getConnection();
    String sql="Delete from userInfo where username=?";
    try{
    pstmt=conn.prepareStatement(sql);
    pstmt.setString(1, username);

    result=pstmt.executeUpdate();

    if(result !=0){
        flag=true;
        System.out.println("cancel success.");
    }
    }catch(SQLException e){
    e.printStackTrace();
    }
    DBUtil.close(conn);
    return flag;
 }


public class UserRegisterInput {
 public static UserBean getNewUser() {
    UserBean user=new UserBean();
    Scanner sc=new Scanner(System.in);
    int userid=DBUtil.getMaxUserId() +1;
    System.out.print("请输入用户名：");
    String username=sc.next();
    System.out.print("请输入密码：");
    String password=sc.next();
    System.out.print("请输入手机号：");
    String mobile=sc.next();
    System.out.print("请输入email：");
    String email=sc.next();
    user.setUserId(userid);
```

```
            user.setUsername(username);
            user.setPassword(password);
            user.setMobile(mobile);
            user.setEmail(email);
            return user;
        }}
```

（5）创建业务逻辑层类，实现用户注册、注销等操作的用户交互控制。

```
//图 4.3 中的 BusinessObject

import java.util.*;
public class UserRegisterBusinessObject {
 public static void main(String[] args) {
        Scanner sc=new Scanner(System.in);
        UserDaoImpl userDao=new UserDaoImpl();
        System.out.println("选择 1 注册用户； \n 选择 2 检查用户； \n 选择 3 注销用
户 \n 选择 4 登录" );
        int choice=sc.nextInt();

        while ( choice>0 && choice <5 ){
            switch(choice) {
            case 1:
                UserBean newUser=UserRegisterInput.getNewUser();
        userDao.register(newUser);
                break;
            case 2:
                System.out.print("请输入待检查的用户名：" );
                String username=sc.next();
                userDao.checkByName(username);
                 break;
            case 3:
                System.out.print("请输入待注销的用户名：" );
                String name=sc.next();
                userDao.checkByName(name);
                 break;
            case 4:
                System.out.print("请输入登录名：" );
                String Uname=sc.next();
                System.out.print("请输入密码：" );
                String password=sc.next();
                userDao.login(Uname, password);
                break;
            }
        System.out.println("选择 1 注册用户； \n 选择 2 检查用户； \n 选择 3 注销用
```

数据库开发技术标准教程

```
户 \n 选择 4 登录" );
    choice=sc.nextInt();
    }
    System.out.println("已退出。" );
  }
}
```

习题 4

1. 简要说明连接池的基本概念和作用。

2. 采用 DAO 模式，编程实现添加一本新的图书信息概念，图书信息如下。

书名：Java 面向对象程序设计

作者：孙连英、刘畅、彭涛

ISBN：9787302489078

出版社：清华大学出版社

出版日期：2017 年 12 月 1 日

3. 在习题 2 中，如果采用的关系数据库从 MySQL 改为了 Microsoft SQL Server，那么应用程序应该如何修改？

第 5 章

Hibernate 基础

目前在数据持久层的开发中，对象关系映射（ORM）框架得到了非常广泛的应用。ORM 框架对传统的数据访问技术进行了封装，使得程序员可以随心所欲地使用面向对象的编程思想来访问关系数据库，完成数据访问层（即持久化层）的开发工作。在这些 ORM 框架中，Hibernate 是最著名也是使用最广泛的框架。本章通过实例讲解了 Hibernate 框架在持久化层开发中的应用。同时在深入探讨 DAO 编程模式之后，引入了依赖注入（也称控制反转）的思想，并以 Spring 框架为例，在数据持久层的开发中整合了 Hibernate 和 Spring 框架。

5.1 Hibernate 简介

Hibernate 是一个开放源代码的对象关系映射（ORM）框架，它对 JDBC 进行了非常轻量级的封装，使得程序员可以随心所欲地使用面向对象的编程思想来访问关系数据库，完成数据访问层（即持久化层）的开发工作。Hibernate 可以应用在任何使用 JDBC 的场合，也就是说，既可以在 Java 的客户端程序（包括命令行的应用程序）中使用 Hibernate，也可以在 JSP 或 Servlet 等 Java Web 应用中使用 Hibernate。

总之，可以简单地理解为 Hibernate 是在 JDBC 技术的基础上衍生而来的，并在此基础上使得由原来直接操纵关系数据库变成直接操作映射数据表后生成 Java 类的对象，从而实现基于对象编程思想来操纵关系数据库。

Hibernate 是一个 JDO（Java Data Object，Java 数据对象）工具。它的工作原理是通过文件把值对象（Value Object，VO，在 Java 程序中一般采用 JavaBean 实现）和关系数据库中的表之间建立起一个映射关系，这样开发人员只需要操作这些值对象和 Hibernate 提供的一些基本类，就可以达到访问数据库的目的。例如，使用 Hibernate 的查询，可以直接返回包含某个值对象的列表（List），而不必像传统的 JDBC 访问方式一样把结果集的数据逐个装载到一个值对象中，这样带来的优点是在持久化层的开发工作中降低了大量的简单重复劳动。Hibernate 提供的 HQL（Hibernate Query Language，Hibernate 查询语言）是一个类 SQL 语言，它和 EJBQL（HQL 的一个子集）一样都提供了面向对象的数据查询方式，其中，HQL 在功能和使用方式上都非常接近于标准的 SQL。

Hibernate 的作用是介于 Java 与 JDBC 之间的一个持久层，它通过建立与数据库表之间的映射来操纵数据库，如图 5.1 所示。

Hibernate 是基于 JDBC 基础之上的，在深入学习 Hibernate 理论技术之前，需了解数据库操作的三个阶段、ORM 对象关系映射、持久层概念。

Hibernate 出现之前，在 Java 程序中对数据库操作主要使用 JDBC，这中间经历了操作 JDBC、封装 JDBC、ORM 三个阶段。

1. 操作 JDBC 阶段

本阶段在调用 JDBC 连接数据库的包

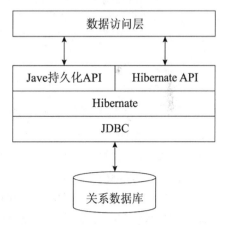

图 5.1　Hibernate 在软件架构中的地位

时，需要程序员编写数据库用户登录验证的代码。在这段代码中可以执行 SQL 语句进行数据查询、插入、删除、修改等操作。

2. 封装 JDBC 阶段

由于只是操作 JDBC，使得在实现不同逻辑功能时，都要重新编写数据库用户登录验证的代码，使得代码重复很严重。为此，引入了 JavaBean 的技术：定义一个类进行数据库用户登录验证和数据库操作（例如类 DBAccess、DBUtil 等），并把其中进行数据库操作的部分封装成不同的方法，那么实现后续的逻辑功能时只需调用这些方法即可。

3. ORM 阶段

在对 JDBC 进行封装之后，能够方便地实现数据库的操作。但是，在基于面向对象的编程开发中，数据库的操作与普通的面向对象的 Java 代码，显然是两种不同的开发思路。于是就产生了 ORM 阶段——使原来直接操作数据库变成了直接操作普通的 Java 类来实现相应的数据库操作。

ORM 是 Object Relational Mapping 的简称，即对象关系映射。它是一种为了解决面向对象与关系数据库之间的互不匹配而提出的技术。简单地说，ORM 是通过使用描述对象和数据库之间映射的元数据，将 Java 程序中的对象持久化到关系数据库中。下面请看一个学生实体（建立数据表时，要描述的现实世界中的实现）、数据表（实体建立完后，抽象分析完成数据表建立）、Java 类（此处就是 ORM 要完成的任务而抽象生成的 Java 类），如图 5.2 所示。由图 5.2 可知，ORM 实现了数据表到 Java 对象的映射，这正是 ORM 的作用。

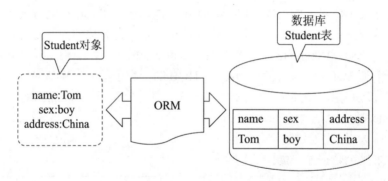

图 5.2 Java 对象（Student）和数据库中表（Student）之间的映射

ORM 是通过使用描述对象和数据库之间映射的元数据，将 Java 程序中的对象自动持久化到关系数据库中。由此便引入了以下几个概念。

❑ 持久化：是对数据和程序状态的保持。大多数情况下特别是企业级应用，数据持久化往往也就意味将内存中的数据保存到磁盘上进行永久存储，而持久化的数据一般情况下主要使用各种关系数据库来存储。

❑ 持久层：把数据库实现作为一个独立逻辑提取出来，即数据库程序是在内存中的，为了使程序运行结束后状态得以保存，就要保存到数据库。持久层是系统逻辑层面的，专门实现数据持久化的一个相对独立的领域。

持久层的目的是通过持久层的框架将数据库存储服务从服务层中分离出来，而 Hibernate 是目前最流行的持久层框架之一，其他广泛使用的 ORM 框架还包括 MyBatis（由 iBatis 改名）等。

下面简要说一下 Hibernate 的开发流程，主要分为以下 5 步。

（1）创建 Hibernate 的配置文件：该文件负责初始化 Hibernate 配置，包括数据库配置（数据源信息、DBMS 种类、登录的用户名和密码等）和映射文件的配置。

（2）创建 Hibernate 的映射文件：每一个数据表对应一个映射文件，该文件描述了数据库中表的信息，以及对应的持久化类的信息。

（3）创建持久化类：每一个类对应于数据库表，通过映射文件进行关联。

（4）面向 Web 应用层，编写 DAO 层：通过 Hibernate API 编写访问数据库的代码。

（5）面向 Web 应用层，编写 Service 层：编写业务层实现，调用 DAO 层类代码。

具体流程如图 5.3 所示。

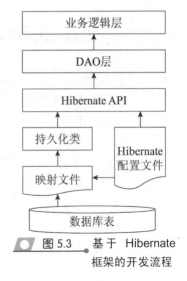

图 5.3　基于 Hibernate 框架的开发流程

5.2　Hibernate 核心接口

Hibernate 的核心接口主要包括：Configuration、SessionFactory、Session、Transaction、Query 和 Criteria。通过这些接口，不仅可以对持久化对象进行存取，还能够进行事务控制，下面对这些核心接口进行介绍。

5.2.1　Configuration 接口

Configuration 接口负责配置并启动 Hibernate，创建 SessionFactory 对象。在 Hibernate 的启动过程中，Configuration 的实例首先读取配置信息并定位映射文档的位置，然后创建 SessionFactory 对象。

5.2.2　SessionFactory 接口

SessionFactory 接口负责初始化 Hibernate，充当数据存储源的代理，并负责创建 Session 对象，这里用到了工厂模式。一个 SessionFactory 实例对应一个数据存储源，应用程序从 SessionFactory 中获得 Session 实例。SessionFactory 是线程安全的，这意味着它的同一个实例可以被应用程序的多个线程共享。SessionFactory 是重量级的，这意味着不能随意创建或销毁它的实例。如果应用程序只访问一个数据库，那么一般只需要创建一个 SessionFactory 实例，一般是在应用程序初始化的时候创建该实例。如果应用程序同时访问多个数据库，则需要为每个数据库创建一个单独的 SessionFactory 实例。

之所以称 SessionFactory 是重量级的，是因为它需要一个很大的缓存，用来存放预定义的 SQL 语句以便能映射元数据等。用户还可以为 SessionFactory 配置一个缓存插件，这个缓存插件被称为 Hibernate 的第二级缓存。该缓存用来存放被工作单元读过的数据，将来其他工作单元可能会重用这些数据，因此这个缓存中的数据能够被所有工作单元共享。一个工作单元通常对应一个数据库事务。

5.2.3 Session 接口

Session 接口负责执行被持久化对象的 CRUD 操作。CRUD 操作的任务是完成与数据库的交互，包含相应的 SQL 语句执行。需要注意的是，Session 对象是非线程安全的，同时，Hibernate 中的 Session 也不同于 Java Web 应用开发中的 HttpSession，后者一般被称为用户 Session。

Session 接口是 Hibernate 应用使用最广泛的接口。Session 也被称为持久化管理器，它提供了和持久化相关的操作，如添加、更新、删除、加载和查询对象。

Session 具有以下特点。

❑ Session 不是线程安全的，因此在设计软件架构时，应该避免多个线程共享同一个 Session 实例。

❑ Session 实例是轻量级的，所谓轻量级，是指它的创建和销毁不需要消耗太多的资源。这意味着在应用程序中可以经常创建和销毁 Session 对象，例如，为每个客户请示分配单独的 Session 实例，或者为每个工作单元分配单独的 Session 实例。

❑ Session 有一个缓存，被称为 Hibernate 的第一级缓存，其中存放着被当前工作单元加载的对象。每个 Session 实例都有自己的缓存，这个 Session 实例的缓存只能被当前工作单元访问。

5.2.4 Transaction 接口

Transaction 接口负责事务相关的操作。它是可选的，开发人员也可以设计编写自己的底层事务处理代码。Transaction 接口是 Hibernate 的数据库事务接口，它对底层的事务接口做了封装，底层事务接口包括：JDBC API、JTA（Java Transaction API）、CORBA（Common Object Request Broker Architecture）API 等。

Hibernate 应用程序可通过一致的 Transaction 接口来声明事务边界，这有助于应用程序在不同的环境容器中移植。尽管应用程序也可以绕过 Transaction 接口，直接访问底层的事务接口，但并不推荐使用这种方法，因为它不利于应用程序在不同的环境移植。

5.2.5 Query 和 Criteria 接口

Query 和 Criteria 接口负责执行各种数据库查询，可以使用 HQL 语句或 SQL 语句两种表达方式。Query 和 Criteria 接口是 Hibernate 的查询接口，用于向数据库查询对象，以及控制执行查询的过程。Query 实例中一般使用 HQL 查询语句，HQL 查询语句和 SQL 查询语句有些相似，但 HQL 查询语句是面向对象的，它基于类以及类的属性来进行查询，而不是基于表和表的字段（即表的列）来查询。Criteria 接口则完全封装了基于字符串的查询语句，它比 Query 接口更加面向对象。Criteria 接口经常用于执行动态查询。

Session 接口的 find() 方法也具有数据查询功能，但它是只执行一些简单的 HQL 查询语句的快捷方法，它的功能远没有 Query 接口强大。

使用上述几个核心接口进行 Hibernate 编程的一般步骤如图 5.4 所示。

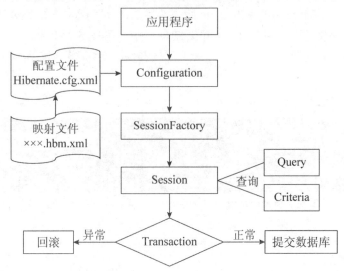

图 5.4　基于 Hibernate 编程的一般步骤

5.3　第一个 Hibernate 程序

本节将创建一个 Java Application 应用程序，以案例数据库——电子商务数据库中的用户注册为例，使用 Hibernate 向数据库表中添加一个用户。

使用 Hibernate 编程的步骤如下。

（1）配置环境，添加 Hibernate 相关的 jar 文件、连接数据库的 jar 文件，并配置相关的环境变量；

（2）编写与数据库表对应的 POJO 类（Plain Ordinary Java Object，简单的 Java 对象，另有说法为 Pure Old Java Object），并创建对应的持久化对象映射文件×××××.hbm.xml；

（3）编写 Hibernate 所需要的数据库配置文件，即 Hibernate.cfg.xml；

（4）调用 Hibernate API，完成用户的添加。API 调用包括：使用 Configuration 对象的 buildSessionFactory() 方法创建 SessionFactory 对象、调用 SessionFactory 对象的 openSession() 方法得到 Session 对象、调用 Session 对象的相应方法来操纵数据库，将对象信息持久化到数据库中。

5.3.1　Hibernate 开发环境配置

在应用程序中使用 Hibernate 框架，需要首先加载 Hibernate 框架的相关 jar 包。下面简单介绍 Hibernate 下载和配置的过程。

Hibernate 的官网地址为 http://www.hibernate.org/，其首页如图 5.5 所示。可以看出，Hibernate 除了 Hibernate ORM 之外，还包括 Hibernate Search、Hibernate Validator 等。Hibernate ORM 目前（2017 年 12 月）最新的版本为 5.2，其网址为 http://www.hibernate.org/orm/releases/5.2/。本书采用的 Hibernate 版本为 5.2.12，该版本支持 Java 8+和 JPA 2.1，如图 5.6 所示。下载之后，添加到 Eclipse 的项目中，如图 5.7 所示。

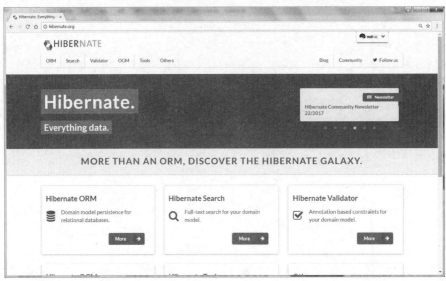

图 5.5　Hibernate 官网首页

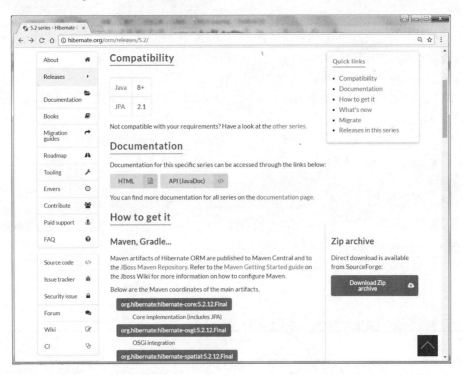

图 5.6　Hibernate 5.2 首页

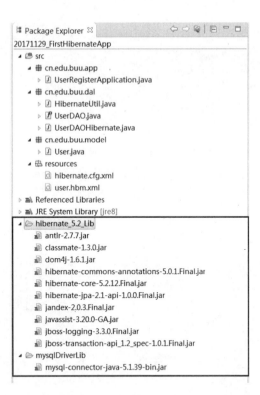

图 5.7　Eclipse 项目中引用 Hibernate 相关的库文件

5.3.2　编写持久化对象类

在 Eclipse 的项目中的 src 下新建包 cn.edu.buu.model，并在其中创建 Hibernate 的 POJO 类 User（对应数据表 user）。Hibernate 中的 POJO 类是非常简单的，完全采用普通的 Java 对象来作为持久化对象，参见例 5.1。

[例 5.1]　User.java

```java
package cn.edu.buu.model;
public class User {
    public User() { }
    public User(String username) {
        this.username = username;
    }
    private int userId;
    private String username;
    private String realname;
    private String sex;
    private String password;
    private String phone;
    private String qq;
```

```
    private String pay_one;
    private String pay_two;
    private String pay_three;
    private String pay_four;
    //省略了成员变量的 getter 和 setter 方法
}
```

可以看出，这个类就是普通的 JavaBean 类，但是这个类目前还不具备持久化操作的能力。为了使其具备持久化操作的能力，需要为其编写 Hibernate 映射文件，为这个对象与数据库的表之间建立联系。为 User 类创建对应的映射文件 user.hbm.xml 的具体配置内容参见例 5.2。

[例 5.2] user.hbm.xml

```xml
<!DOCTYPE hibernate-mapping PUBLIC
    "-//Hibernate/Hibernate Mapping DTD 3.0//EN"
    "http://www.hibernate.org/dtd/hibernate-mapping-3.0.dtd">
<hibernate-mapping package="cn.edu.buu">
    <class name="cn.edu.buu.model.User" table="user">
        <id name="userId" column="u_id">
            <generator class="identity" />
        </id>
        <property name="username"   column="u_register"
                type="java.lang.String" not-null="true"  />
        <property name="realname"   column="u_name"
                type="java.lang.String" not-null="true"  />
        <property name="password"   column="u_password"
                type="java.lang.String" not-null="true" />
        <property name="sex"        column="u_sex"
                type="java.lang.String" not-null="true" />
        <property name="phone"      column="u_phone"
                type="java.lang.String" not-null="true" />
        <property name="qq"         column="u_qq"
                type="java.lang.String" not-null="true" />
        <property name="pay_one"    column="u_pay_one"
                type="java.lang.String" not-null="true" />
        <property name="pay_two"    column="u_pay_two"
                type="java.lang.String" not-null="false" />
        <property name="pay_three"  column="u_pay_three"
                type="java.lang.String" not-null="false" />
        <property name="pay_four"   column="u_pay_four"
                type="java.lang.String" not-null="false" />
    </class>
</hibernate-mapping>
```

如上面的映射文件所示，hibernate-mapping 元素是根元素，根元素的内部有子元素 class，class 元素用来指定类和表的映射，其 name 属性用来指定该映射文件对应的 POJO 类的全名（包括包名），table 属性指定该类对应的数据库中表的名称。一个 class 元素定义了一个持久化类与表的映射关系。

映射文件 user.hbm.xml 用来指定持久化类 User 与数据库中表 user 之间的映射。该文件可以与 User.java 存储在同一个目录下。在本项目中，所有的.hbm.xml 映射文件均存储在 src 的 resources 文件夹中。关于映射文件的位置并没有明确的要求，上述两种存储方式都是可行的。无论映射文件存储在哪个位置，均要求在 Hibernate 配置文件的 <mapping>元素的 resource 属性中给出明确的位置信息，请参见例 5.3 中的<mapping>元素的 resource 属性值。

5.3.3　编写 Hibernate 配置文件

Hibernate 映射文件是 Hibernate 持久化类和数据库表的映射信息，Hibernate 配置文件则是 Hibernate 连接的数据库源的相关信息，例如，数据库的用户名、密码、URL 等。数据配置内容一般定义在 hibernate.cfg.xml 文件中，具体内容参见例 5.3。在本项目中，该文件和映射文件都存储在 src 的 resources 文件夹中，如图 5.7 所示。该文件也可以存储在 src 的根目录下或其他位置。

[例 5.3]　hibernate.cfg.xml

```xml
<?xml version='1.0' encoding='UTF-8' ?>
<!DOCTYPE hibernate-configuration PUBLIC
    "-//Hibernate/Hibernate Configuration DTD 3.0//EN"
    "http://hibernate.sourceforge.net/
        hibernate-configuration-3.0.dtd">
<hibernate-configuration>
    <session-factory>
        <property name="myeclipse.connection.profile">
            Mysql
        </property>
        <property name="connection.url">
            jdbc:mysql://localhost:3306/ecommerce
            ?useUnicode=true&amp;characterEncoding=utf-8
        </property>
        <property name="connection.username">root</property>
        <property name="connection.password">cnedubuu
        </property>
        <property name="connection.driver_class">
            com.mysql.jdbc.Driver
        </property>
        <property name="dialect">
            org.hibernate.dialect.MySQLDialect
```

```
        </property>
        <property name="show_sql">true</property>
        <property
            name="hibernate.current_session_context_class">
            thread
        </property>
        <mapping resource="resources/user.hbm.xml" />
    </session-factory>
</hibernate-configuration>
```

需要说明的是，在配置<property name="connection.url">时，由于要设置与 MySQL 通信时的字符编码方式，一般设置为 useUnicode=true& characterEncoding=utf-8，但在该配置文件中，不能直接使用&，需要使用对应的字符实体表示方式"&amp";，最终使用的值为 useUnicode=true &characterEncoding=utf-8。另外，在该项目中，user.hbm.xml 文件存储在了 resources 文件夹下（如图 5.7 中的 resources 文件夹所示），因此指定映射文件的路径时，采用的值为 resources/user.hbm.xml，参见上述配置文件的倒数第三行。

```
<mapping resource="resources/user.hbm.xml" />
```

5.3.4 编写 DAL 层相关类

使用 Hibernate 框架中的 Configuration、SessionFactory、Session 等接口，编写提供数据库访问的工具类 HibernateUtil，如例 5.4 所示。

[例 5.4] HibernateUtil.java

```java
package cn.edu.buu.dal;
import org.hibernate.Session;
import org.hibernate.SessionFactory;
import org.hibernate.cfg.Configuration;
public class HibernateUtil {
    private static Configuration configuration;
    private static SessionFactory sessionFactory;
    static {
        configuration = new Configuration().
                configure("/resources/hibernate.cfg.xml");
        sessionFactory = configuration.
                buildSessionFactory();
    }
    public static Session getSession() {
        Session session = sessionFactory.
                getCurrentSession();
        return session;
    }
    public static void closeSession(Session session) {
```

```
        if (null != session) {
            session.close();
            session = null;
        }
    }
    public static void closeSessionFactory() {
        sessionFactory.close();
    }
}
```

[例 5.5]　UserDAO.java

```
package cn.edu.buu.dal;
import cn.edu.buu.model.User;
public interface UserDAO {
    public boolean addUser(User newUser);
    public boolean deleteUser(User user);
}
```

[例 5.6]　UserDAOHibernate.java

```
package cn.edu.buu.dal;
import org.hibernate.Session;
import org.hibernate.Transaction;
import cn.edu.buu.model.User;
public class UserDAOHibernate implements UserDAO {
    @Override
    public boolean addUser(User newUser) {
        Session session = HibernateUtil.getSession();
        Transaction transaction = null;
        try {
            //开启事务
            transaction = session.beginTransaction();
            session.save(newUser);
            transaction.commit();
            return true;
        } catch (RuntimeException e) {
            //捕获并处理异常
            if (null != transaction) {
                transaction.rollback();
            }
            throw e;
        } finally {
            //关闭 Session 对象
            HibernateUtil.closeSession(session);
        }
    }
```

```
    @Override
    public boolean deleteUser(User user) {
        Session session = HibernateUtil.getSession();
        Transaction transaction = null;
        try {
            //开启事务
            transaction = session.beginTransaction();
            session.delete(user);
            transaction.commit();
        } catch (RuntimeException e) {
            //捕获并处理异常
            if (null != transaction) {
                transaction.rollback();
            }
            return false;
        } finally {
            //关闭Session对象
            HibernateUtil.closeSession(session);
        }
        return true;
    }
}
```

5.3.5 编写业务层相关类

第一个 Hibernate 程序模拟了用户注册业务，添加一个新的用户到数据库中，参见例 5.7。

[例 5.7] UserRegisterApplication.java

```
package cn.edu.buu.app;
import java.io.UnsupportedEncodingException;
import java.security.MessageDigest;
import java.security.NoSuchAlgorithmException;
import cn.edu.buu.dal.HibernateUtil;
import cn.edu.buu.dal.UserDAOHibernate;
import cn.edu.buu.model.User;
import sun.misc.BASE64Encoder;
public class UserRegisterApplication {
    public static String EncoderByMd5(String str)
            throws NoSuchAlgorithmException,
                    UnsupportedEncodingException {
    //确定计算方法
    MessageDigest md5 = MessageDigest.getInstance("MD5");
    BASE64Encoder base64en = new BASE64Encoder();
```

```
                String newstr = base64en.encode(md5.digest
                                    (str.getBytes("utf-8")));
        return newstr;
    }
    public static void main(String[] args)
                        throws NoSuchAlgorithmException,
                            UnsupportedEncodingException {
        User newUser = new User();
        newUser.setUsername("xiaoming");
        newUser.setRealname("小茗");
        newUser.setPassword(EncoderByMd5("cnedubuu"));
        newUser.setSex("男");
        newUser.setPhone("13901088888");
        newUser.setQq("666");
        newUser.setPay_one("支付宝");
        newUser.setPay_two("微信");
        newUser.setPay_three("信用卡");
        // System.out.println(EncoderByMd5("cnedubuu"));
        UserDAOHibernate userDAO = new UserDAOHibernate();
        userDAO.addUser(newUser);
        HibernateUtil.closeSessionFactory();
    }
}
```

例 5.7 运行的结果如图 5.8 所示。可以看出，Hibernate 自动把添加新用户的方法调用转换为相应的 SQL 语句。需要说明的是，Hibernate 应用程序最后需要关闭获得的 SessionFactory 类的对象，否则应用程序中的线程会继续运行，应用程序不会退出。

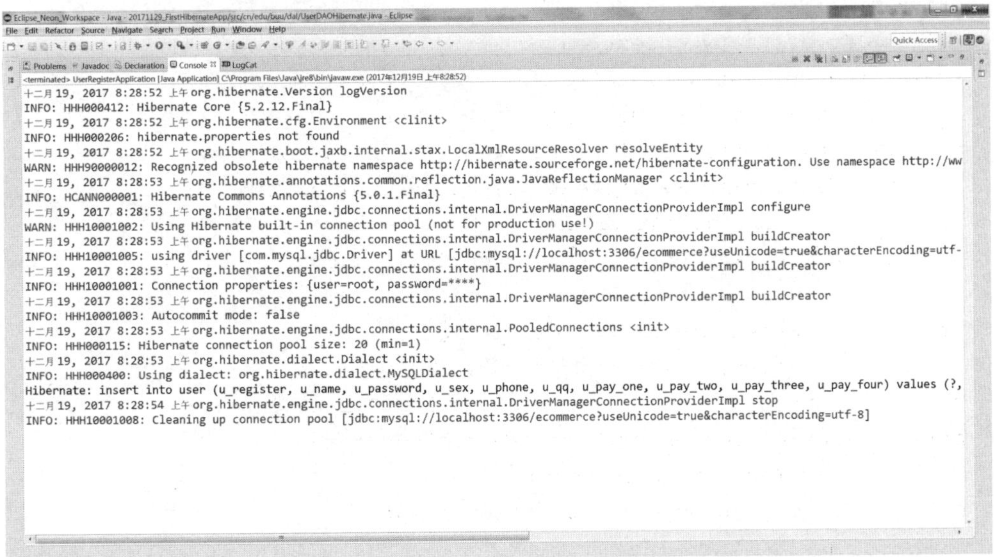

图 5.8　例 5.7 的运行结果

5.4 Session 接口

Session 接口是 Hibernate 中的核心接口，持久化对象的生命周期、事务的管理和持久化对象的查询、更新和删除都是通过 Session 对象完成的。Hibernate 在操作数据库之前必须先获得 Session 对象，这就像使用 JDBC 在操作数据库之前必须先获得 Connection 对象一样。因此，Session 是 Hibernate 中应用最频繁的接口。Session 也被称为持久化管理器，它负责所有的持久化工作，负责管理持久化对象的生命周期，提供第一级别的高级缓存来保证持久化对象的数据与数据库同步。

Session 的特点如下。

单线程，非共享的对象，因此 Session 不是线程安全的。在基于 Hibernate 进行开发时，应该避免多个线程共享一个 Session 实例。

Session 实例是轻量级的，它的创建和销毁不需要消耗太多的资源。因此，可以为每次请求分配一个 Session 实例，在每次请求过程中及时创建和销毁 Session 实例。

Session 有一个缓存，它存放当前工作单元加载的对象，Session 缓存被称为 Hibernate 一级缓存。

Java 中，缓存通常是指 Java 对象的属性占用的内存空间，一般使用集合类型的属性作为缓存。Session 这一级别的缓存通常称为一级缓存，是由它的实现类 SessionImpl 中的成员变量 persistenceContext 中定义的一系列 Java 集合属性构成的。成员变量 persistenceContext 的类型为 org.hibernate. engine.internal.StatefulPersistenceContext，该类实现了 org.hibernate.engine.spi.PersistenceContext 接口。在 StatefulPersistenceContext 类中，定义了如下成员变量，以作缓存之用。

```
private Map<EntityKey, Object> entitiesByKey;
private Map<EntityUniqueKey, Object> entitiesByUniqueKey;
private EntityEntryContext entityEntryContext;
private ConcurrentMap<EntityKey, Object> proxiesByKey;
private Map<EntityKey, Object> entitySnapshotsByKey;
private Map<Object, PersistentCollection> arrayHolders;
private IdentityMap<PersistentCollection, CollectionEntry>
            collectionEntries;
private Map<CollectionKey, PersistentCollection>
            collectionsByKey;
private HashSet<EntityKey> nullifiableEntityKeys;
private HashSet<AssociationKey> nullAssociations;
private List<PersistentCollection> nonlazyCollections;
private Map<CollectionKey,PersistentCollection>
            unownedCollections;
private Map<Object,Object> parentsByChild;
```

当应用程序调用 Session 的 CRUD 方法以及调用 Criteria 接口的 list() 时，如果在缓存中不存在相应的对象，Hibernate 就会把该对象加入到一级缓存中。如果在 Session 缓存中已经存在这个对象，就不需要再去数据库加载而是直接使用缓存中的这个对象，可以减少访问数据库的频率，提高程序运行的效率。当 Session 在清理缓存时，Hibernate 会自动进行脏数据检查，根据缓存中的对象的状态变化来同步更新数据库。

在利用 Session 进行持久化操作时，当调用 Transaction 的 commit()事务提交方法时，会自动进行缓存清理和同步数据库。

Session 接口提供了以下几个跟缓存相关的方法。

❑ flush()：调用该方法可以刷新缓存，它与事务提交 commit()方法有不同之处。flush()进行缓存的清理，执行一系列的 SQL 语句，但是不会提交事务；而 commit()方法会先调用 flush()方法，然后再提交事务。

❑ setFlushMode()：可以自定义设置清理缓存的时间点。

❑ getFlushMode()：可以获取当前缓存清理的模式。

持久化生命周期主要包括以下几种状态。

（1）瞬时状态（tansient）。

该实例是刚用 new 语句创建的，还没有被持久化，不处于任何 Session 的缓存，它没有对象标识符（Object Identifier，OID）值（主键值）。其特点是：不跟任何一个 Session 实例关联，在数据库中没有对应的记录。

（2）持久化状态（persistent）。

已经被持久化，加入到 Session 缓存中，实例目前与某一个 Session 有关联，它拥有对象标识符，并且可能在数据库中有一个对应的行，Hibernate 保证在同一个 Session 实例的缓存中，数据库中的每一条记录只对应唯一的一个持久化实例。其特点是：持久化对象总是被一个 Session 实例关联。持久化实例和数据库中相关的记录对应。Session 在清理缓存时，会根据持久化实例的属性数据变化，同步更新数据库。

（3）脱管状态（detached）。

已经被持久化过，但已经不处于 Session 的缓存中，实例曾经与某个 Session 上下文发生过关联，不过那个上下文已经被关闭，它拥有对象标识符值，并且在数据库中可能存在一个对应的行。其特点是：不再位于 Session 的缓存中，即它不再和 Session 关联，但它拥有对象标识符值。

Session 的基础操作如下。

（1）save()方法。

该方法将持久化给定的瞬时实例，并返回该实例的对象标识符值。当调用 save()方法时，它会完成以下操作。

①把瞬时对象加入到当前 Session 的缓存中，使它变成持久化对象。

②选用映射文件指定的主键生成器为此持久化对象分配唯一的 OID。

③计划执行一个 insert 语句，把此持久化对象的当前属性值组装到 insert 语句中，只有当 Session 清理缓存时，才会执行 SQL insert 语句。如果在 save 方法之后修改了持久化对象的属性值，Session 清理缓存时会额外执行 SQL update 语句。

（2）get()方法。

该方法根据给定的 OID 返回一个持久化实例。get 方法先检查当前的 Session 缓存中是否存在这个标识符的持久化实例，如果存在就直接返回，如果不存在就检查二级缓存中是否存在，如果存在就直接返回，如果不存在，就从数据库中获取数据返回，如果数据库表中不存在就返回 null。

（3）load()方法。

该方法根据给定得到的 OID 返回一个持久化对象。load() 方法先检查当前 Session 缓存中是否存在这个标识符值的持久化实例，如果存在直接返回，如果不存在，就检查二级缓存中是否存在，如果存在就直接返回，如果还不存在，Hibernate 框架不检查数据库是否存在这个标识符的记录，而是会直接创建一个代理对象并返回。这个代理对象只包含标识符值，没有其他属性的实际数据，这种方式就是延迟加载（lazy load）。注意：必须在 Session 未关闭时进行。

（4）delete()方法。

该方法把指定的持久化实例变成瞬时状态，并从数据库表中移除对应的记录。如果传入的实例是持久化状态，Session 就计划执行一个 delete 语句。如果传入的实例是脱管状态的，就先让它和当前 Session 关联转变为持久化对象，再计划执行一个 delete 语句。

（5）update()方法。

该方法用来更新处于detached状态的对象，更新完成后该对象转换为persistent状态。

（6）saveOrUpdate()方法。

该方法同时具有 save 和 update 的功能。

持久化对象的状态转换图如图 5.9 所示。

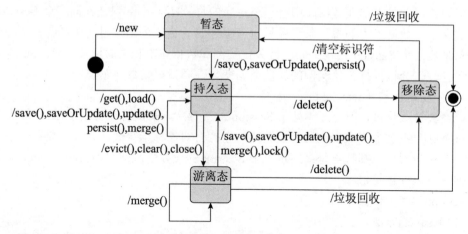

图 5.9　Hibernate 中持久化对象的状态转换图

5.5　实体映射

Hibernate 在实现 ORM 功能的时候主要用到的文件有：映射类（*.java）、映射文件（*.hbm.xml）和数据库配置文件（*.properties/*.cfg.xml）。它们各自的作用如下。

映射类（*.java）：描述数据库表的结构，表中的字段在类中被描述成属性，将来可以实现把表中的记录映射成该类的对象。

映射文件（*.hbm.xml）：指定数据库表和映射类之间的关系，包括映射类和数据库表的对应关系、表字段和类属性类型的对应关系以及表字段和类属性名称的对应关系等。

数据库配置文件（*.properties/*.cfg.xml）：指定与数据库连接时需要的连接信息，比如连接哪种数据库、登录数据库的用户名、登录密码以及连接字符串等。当然还可以把映射类的地址映射信息放在这里。

Hibernate 使用 POJO 类与数据库表之间进行映射，与数据库表映射的 POJO 类也称为实体类。Hibernate 映射文件主要用于配置实体类与数据库表之间的映射关系。在这个配置文件中，需要指定类/表映射配置、主键映射配置和属性/字段映射配置等。映射文件的命名方式一般为 className.hbm.xml。类 cn.edu.buu.model.User 的映射文件 user.hbm.xml 的配置内容参见例 5.2。

如例 5.2 所示，在 user.hbm.xml 文件中使用 class 元素指定了 cn.edu.buu.model.User 类所对应的数据库表为 User；使用 id 元素指定了数据库表主键为 cn.edu.buu.model.User 类中的 id 属性，名称为 userId；使用 property 元素指定了 User 表中其他的几个字段信息，名称分别为 u_register、u_name、u_sex、u_password、u_phone、u_qq、u_pay_one、u_pay_two、u_pay_three 和 u_pay_four，它们分别对应于 cn.edu.buu.model.User 类中的 username、realname、sex、password、phone、qq、pay_one、pay_two、pay_three 和 pay_four 属性。

正如例 5.2 user.hbm.xml 映射文件所示，在 Hibernate 映射文件中可以使用 hibernate-mapping、class、id、generator 和 property 等元素来配置 POJO 类与数据库表之间的映射关系。

映射文件中的根元素为 hibernate-mapping，每一个 hbm.xml 文件都有唯一的一个根元素，该元素包含一些可选的属性，其属性主要包括如下几个。

- package：指定一个包前缀，如果在映射文档中没有指定全限定的类名，就使用这个作为包名。
- schema：数据库 schema 的名称。
- catalog：数据库 catalog 的名称。
- default-cascade：默认的级联风格，默认为 none。
- default-access：Hibernate 用来访问属性的策略。
- default-lazy：指定了未明确注明 lazy 属性的 Java 属性和集合类，Hibernate 会采取什么样的默认加载风格，默认为 true。
- auto-import：指定我们是否可以在查询语言中使用非全限定的类名，默认为 true，如果项目中有两个同名的持久化类，则最好在这两个类的对应的映射文件中配置为 false。

使用 class 元素可以定义类：该元素是根元素的子元素，用于定义一个持久化类与数据表的映射关系，如下是该元素包含的一些可选的属性。

- name：持久化类（或者接口）的 Java 全限定名，如果这个属性不存在，则 Hibernate 将假定这是一个非 POJO 的实体映射。
- table：对应数据库表名。
- discriminator-value：默认和类名一样，一个用于区分不同的子类的值，在多态行为时使用。
- mutable：表明该类的实例是可变的或者是不可变的。

- ❑ schema：覆盖根元素<hibernate-mapping>中指定的 schema 名字。
- ❑ catalog：覆盖根元素<hibernate-mapping>中指定的 catalog 名字。
- ❑ proxy：指定一个接口，在延迟装载时作为代理使用。
- ❑ dynamic-update：指定用于 UPDATE 的 SQL 将会在运行时动态生成，并且只更新那些改变过的字段。
- ❑ dynamic-insert：指定用于 INSERT 的 SQL 将会在执行时动态生成，并且只包含那些非空值字段。
- ❑ select-before-update：指定 Hibernate 除非确定对象真正被修改了（如果该值为 true），否则不会执行 SQL UPDATE 操作。在特定场合（实际上，它只在一个瞬时对象关联到一个新的 Session 中时执行的 update()中生效），这说明 Hibernate 会在 UPDATE 之前执行一次额外的 SQL SELECT 操作，来决定是否应该执行 UPDATE。
- ❑ polymorphism：多态，界定是隐式还是显式的多态查询。
- ❑ where：指定一个附加的 SQL WHERE 条件，在抓取这个类的对象时会增加这个条件。
- ❑ persister：指定一个定制的 ClassPersister。
- ❑ batch-size：指定一个用于根据标识符（identifier）抓取实例时使用的 batch size（批次抓取数量）。
- ❑ optimistic-lock：乐观锁定，决定乐观锁定的策略。
- ❑ lazy：通过设置 lazy="false"，所有的延迟加载（lazy fetching）功能将未被激活（disabled）。
- ❑ check：这是一个 SQL 表达式，用于为自动生成的 schema 添加多行（multi-row）约束检查。
- ❑ abstract：用于在<union-subclass>的继承结构（hierarchies）中标识抽象超类。

可以使用 id 元素来定义主键。Hibernate 使用 OID（Object Identifier，对象标识符）来标识对象的唯一性，OID 是关系数据库中主键在 Java 对象模型中的等价物，在运行时，Hibernate 根据 OID 来维持 Java 对象和数据库表中记录的对应关系。

- ❑ name：持久化类的标识属性的名字。
- ❑ type：标识 Hibernate 类型的名字。
- ❑ column：数据库表的主键字段的名字。
- ❑ unsaved-value：用来标识该实例是刚刚创建的，尚未保存。可以用来区分对象的状态。
- ❑ access：Hibernate 用来访问属性值的策略。

如果表使用联合主键，那么可以映射类的多个属性为标识符属性。<composite-id>元素接受<key-property>属性映射和<key-many-to-one>属性映射作为子元素。

以下定义了两个字段作为联合主键。

```
<composite-id>
    <key-property name="username" />
    <key-property name="password" />
</composite-id>
```

可以使用 generator 元素来设置主键生成方式。该元素的作用是指定主键的生成器，通过一个 class 属性指定生成器对应的类 (通常与<id>元素结合使用)，其中，native 是 Hibernate 主键生成器的实现算法之一，由 Hibernate 根据底层数据库自行判断采用 identity、hilo、sequence 其中一种作为主键生成方式。

```
<id name="id" column="ID" type="integer">
    <generator class="native" />
</id>
```

Hibernate 提供的内置生成器主要如下。

- ❑ assigned 算法;
- ❑ hilo 算法;
- ❑ seqhilo 算法;
- ❑ increment 算法;
- ❑ identity 算法;
- ❑ sequence 算法;
- ❑ native 算法;
- ❑ uuid.hex 算法;
- ❑ uuid.string 算法;
- ❑ foregin 算法;
- ❑ select 算法。

可以使用 property 元素来定义持久化类的属性与数据库表字段之间的映射，该元素主要包含如下属性。

- ❑ name：持久化类的属性名，以小写字母开头。
- ❑ column：数据库表的字段名。
- ❑ type：Hibernate 映射类型的名字。
- ❑ update：表明用于 UPDATE 的 SQL 语句中是否包含这个被映射的字段，默认为 true。
- ❑ insert：表明用于 INSERT 的 SQL 语句中是否包含这个被映射的字段，默认为 true。
- ❑ formula：一个 SQL 表达式，定义了这个计算属性的值。
- ❑ access：Hibernate 用来访问属性值的策略。
- ❑ lazy：指定实例变量第一次被访问时，这个属性是否延迟抓取，默认为 false。
- ❑ unique：使用 DDL 为该字段添加唯一的约束，此外，这也可以用作 property-ref 的目标属性。
- ❑ not-null：使用 DDL 为该字段添加可否为空的约束。
- ❑ optimistic-lock：指定这个属性在进行更新时是否需要获得乐观锁定 (换句话说，它决定这个属性发生脏数据时版本 version 的值是否增长)。

access 属性用来控制 Hibernate 如何在运行时访问属性。默认情况下，Hibernate 会使用属性的 get/set 方法对。如果指明 access="field"，则 Hibernate 会忽略 get/set 方法对，直接使用反射来访问成员变量。

5.6 实体之间联系的映射

关系数据库中，实体之前的联系有三种：一对一的联系、一对多的联系和多对多的联系。不同种类联系的映射处理方式不同。下面分别介绍。

5.6.1 一对一联系的映射

Hibernate 提供了两种映射一对一关联关系的方式：按照外键映射和按照主键映射。按照主键映射的基本思路是：让两个对象具有相同的主键值，以表明它们之间的一一对应的关系；数据库表不会有额外的字段来维护它们之间的关系，仅通过表的主键来关联。本节主要讲解按照外键映射。

本节的示例采用的是问题-答案，在数据库中的表分别 question 和 answer。表 question 和表 answer 的逻辑结构分别如图 5.10 和图 5.11 所示。

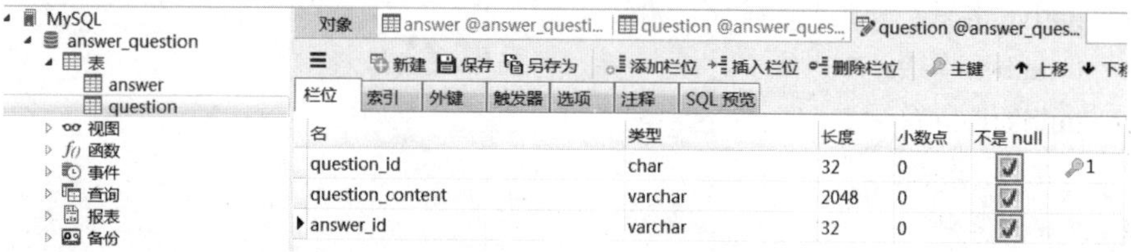

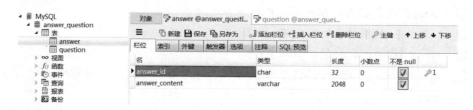

图 5.10 表 question 的逻辑结构

图 5.11 表 answer 的逻辑结构

问题和答案属于一对一的联系。在数据库中表的逻辑结构设计上，表 question 中使用字段 answer_id 引用了表 answer 的字段 answer_id，后者也是表 answer 的主键。对于一对一的联系，在数据库中，一般采用单向联系的存储方式。在本例中，在表 question 中，通过 question 能够找到相应的 answer 的 id（字段 answer_id）。而在面向对象程序设计中，实体类与实体类之间的联系，可以设计成单向联系，也可以设计为双向联系，这取决于设计者的设计策略和应用程序所属业务领域的具体情况。在程序中，对应的实体类 Question.java 和 Answer.java 如例 5.8 和例 5.9 所示，对应的映射文件如例 5.10 和例 5.11 所示。

[例 5.8] Question.java

```
package cn.edu.buu.oor.entity.pojo;
import java.io.Serializable;
```

```java
public class Question implements Serializable{
    private static final long serialVersionUID =
                                4812729727871171840L;

    private String id;
    private String question;
    private String answerId;
    @Override
    public boolean equals(Object o) {
        if (this == o) return true;
        if (o == null || getClass() != o.getClass())
            return false;
        //省略了具体比较逻辑的代码
            return true;
    }
    //省略了getter 和 setter 方法
}
```

[例 5.9]　Answer.java

```java
package cn.edu.buu.oor.entity.pojo;
import java.io.Serializable;
public class Answer implements Serializable{
    private static final long serialVersionUID =
                                7308983297808673283L;

    private String id;
    private String answer;
    // 省略了getter 和 setter 方法
}
```

[例 5.10]　Question.hbm.xml

```xml
<?xml version='1.0' encoding='utf-8'?>
<!DOCTYPE hibernate-mapping PUBLIC
    "-//Hibernate/Hibernate Mapping DTD 3.0//EN"
    "http://www.hibernate.org/dtd/hibernate-mapping-3.0.dtd">
<hibernate-mapping>
    <class name="cn.edu.buu.oor.entity.pojo.Question"
            table="question" schema="answer_question">
        <id name="id">
            <column name="question_id" sql-type="char(32)"
                                            length="32"/>
            <generator class="uuid"/>
        </id>
        <property name="question">
            <column name="question_content"
                        sql-type="varchar(2048)" length="2048"/>
        </property>
```

```
            <property name="answerId">
                <column name="answer_id" sql-type="varchar(32)"
                                            length="32"/>
            </property>
        </class>
</hibernate-mapping>
```

[例 5.11] Answer.hbm.xml

```xml
<?xml version='1.0' encoding='utf-8'?>
<!DOCTYPE hibernate-mapping PUBLIC
    "-//Hibernate/Hibernate Mapping DTD 3.0//EN"
    "http://www.hibernate.org/dtd/hibernate-mapping-3.0.dtd">
<hibernate-mapping>
    <class name="cn.edu.buu.oor.entity.pojo.Answer"
            table="answer" schema="answer_question">
        <id name="id">
            <column name="answer_id" sql-type="char(32)"
                                            length="32" />
            <generator class="uuid" />
        </id>
        <property name="answer">
            <column name="answer_content"
                    sql-type="varchar(2048)" length="2048" />
        </property>
    </class>
</hibernate-mapping>
```

[例 5.12] SingleTableApplication.java

```java
package cn.edu.buu.oor;
import cn.edu.buu.oor.entity.pojo.Answer;
import cn.edu.buu.oor.entity.pojo.Question;
import org.hibernate.Session;
import org.hibernate.Transaction;


public class SingleTableApplication {
    public static void main(String[] args) {
        Session session = HibernateUtil.newSession();
        Transaction transaction = session.beginTransaction();
        try {
            Answer answer = new Answer();
            answer.setAnswer("1600 元一次。");
            //此时 Answer 里面的两个属性：id 为空
            //answer 为上面设置的字符串
            System.out.println("保存前的答案：\n"+answer);
```

```
                    //保存 answer 在一级缓存中
                    session.save(answer);
                    //此时 Answer 里面的两个属性: id 为生成的 uuid,
                    //answer 为上面设置的字符串,详情查看 hbm.xml 配置
                    //System.out.println("保存后的答案: \n"+answer);
                    Question question = new Question();
                    question.setQuestion("小明洗澡要多少元? ");
                    question.setAnswerId(answer.getId());
                    session.save(question);
                    //更新一级缓存中的数据,并将 update 操作保存在一级缓存中
                    answer.setAnswer("可能要 2000 元。");
                    //更新一级缓存中的数据,更新 update 操作的顺序
                    answer.setAnswer("大概要 3000 元。");
                    //获取一级缓存中的数据
                    System.out.println("一级缓存直接修改后的答案: \n"
                    +answer);
                    //刷新一级缓存,执行 insert answer、insert question
                    //                      update answer 操作
                    session.flush();
                    //设置普通的对象 answer 中的属性值
                    answer.setAnswer("答案是 1000 元");
                    //将 answer 加入到一级缓存中
                    //并将 update 操作保存在一级缓存中
                    session.update(answer);
                    //刷新一级缓存,执行 update answer 操作
                    session.flush();
                    //一对一关系数据获取(单表查询)
                    String questionId = question.getId();
                    //展示数据
                    System.out.println("获取更新后答案: " +
                        session.get(Answer.class,
                                session.get(Question.class,questionId)
                                    .getAnswerId()));
        } catch (Exception e) {
            transaction.rollback();
            e.printStackTrace();
        } finally {
            HibernateUtil.closeSession(session);
            System.exit(0);
        }
    }
}
```

[例 5.13]　MultiTableApplication.java

```
package cn.edu.buu.oor;
```

```java
import cn.edu.buu.oor.entity.Subject;
import cn.edu.buu.oor.entity.pojo.Answer;
import cn.edu.buu.oor.entity.pojo.Question;
import org.hibernate.Session;
import org.hibernate.Transaction;
import org.hibernate.query.Query;
import java.util.List;
public class MultiTableApplication {
    @SuppressWarnings("unchecked")
    public static void main(String[] args) {
        Session session = HibernateUtil.newSession();
        Transaction transaction = session.beginTransaction();
        try {
            //一对一关系数据获取(多表查询)
            //多表联查，获取数据,HQL 语句获取问题
            Query<Question> query1 = session.createQuery
                ("select question
                from Answer answer,Question question
                where answer.id=question.answerId");
            Question q1 = query1.list().get(0);
            System.out.println("1.得到的问题: "+q1);
            //条件查询，多表查询，HQL 获取问题和答案
            Query<Object[]> query2 = session.createQuery
                ("select question,answer
                from Answer answer,Question question
                where answer.id=question.answerId
                and question.id=:questionId");
            query2.setParameter("questionId",q1.getId());
            Object[] entities = query2.list().get(0);
            Question q2 = (Question) entities[0];
            Answer a2 = (Answer) entities[1];
            System.out.println("2.得到的问题: "+q2);
            System.out.println("2.得到的答案: "+a2);
            //多表查询，自定义返回对象的类型，HQL 获取全部问题和答案
            Query<Subject> query3 = session.createQuery
                ("select new cn.edu.buu.oor.entity.Subject
                (question.question,answer.answer)
                from Answer answer,Question question
                where answer.id=question.answerId");
            List<Subject> list = query3.list();
            for(int i =0;i<list.size();i++) {
            Subject temp = list.get(i);
            System.out.println("3." + i + "试题: " + temp);
            }
```

```
                transaction.commit();
        } catch (Exception e) {
                transaction.rollback();
                e.printStackTrace();
        } finally {
                HibernateUtil.closeSession(session);
                System.exit(0);
        }
    }
}
```

例 5.12 和例 5.13 的运行结果分别如图 5.12 和图 5.13 所示。

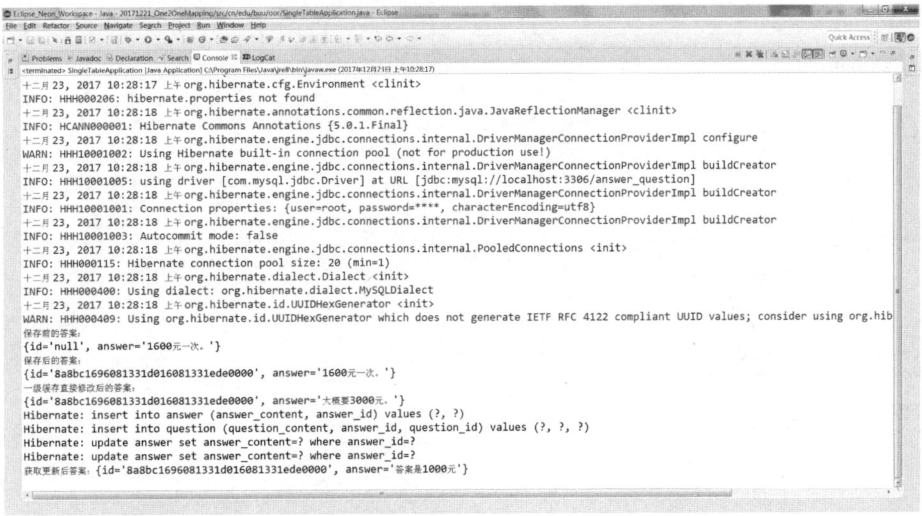

图 5.12 例 5.12 运行结果

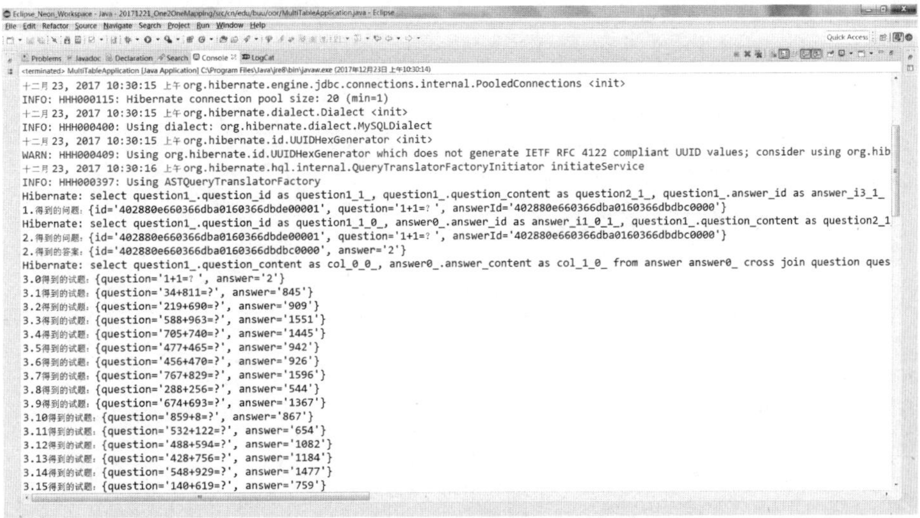

图 5.13 例 5.13 运行结果

5.6.2 一对多联系的映射

一对多联系的映射，采用的案例数据库是电子商务数据库。其中一个用户可以有多个订单，一个订单可以有多个订单详情。数据库及表的结构如图 5.14 所示。

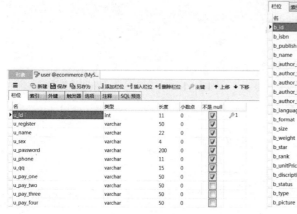

（a）表 User

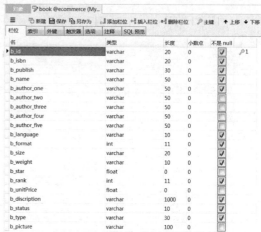

（b）表 Book

（c）表 Orders

（d）表 OrderDetails

（e）表 Address

图 5.14　电子商务数据库的表结构

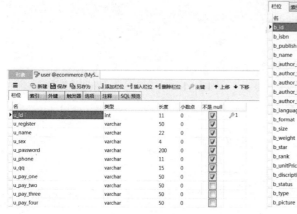

在程序中定义的实体类包括：User、Book、Orders、Orderdetails、Address 等。可以看出，上述类与案例数据库中的表基本是对应的。在实体类 User 的定义中，除了存储与用户有关的信息之外，还有两个成员变量，用于存储用户的送货地址和订单信息，如例 5.14 所示。

[例 5.14] User.java

```java
package cn.edu.buu.omr.entity;
import java.util.Collection;
public class User {
    private Integer uId;
    private String uRegister;
    private String uName;
    private String uSex;
    private String uPassword;
    private String uPhone;
    private String uQq;
    private String uPayOne;
    private String uPayTwo;
    private String uPayThree;
    private String uPayFour;
    private Collection<Address> addressesByUId;
    private Collection<Orders> ordersByUId;
    //省略了 getter、 setter、 hashCode、 toString、 equals 等方法
}
```

同理，在实体类 Orders 的定义中，也定义了订单所属的用户、送货地址以及包含的订单详情信息，如例 5.15 所示。

[例 5.15] Orders.java

```java
package cn.edu.buu.omr.entity;
import java.sql.Date;
import java.util.Collection;
public class Orders {
    private Integer oId;
    private String oBussinessId;
    private Double oCount;
    private Integer uId;
    private Integer aId;
    private Date oDate;
    private String oStatus;
    private String oDeliver;
    private Double oDeliverfee;
    private String uPay;
    private String uInvoicetype;
```

```
        private String uInvoicetitle;
        private Collection<Orderdetails> orderdetailsByOId;
        private User userByUId;
        private Address addressByAId;
        //省略了 getter、setter、hashCode、toString、equals 等方法
}
```

在实体类订单详情 Orderdetails 的定义中，包含该订单详情所属的订单 Orders 以及该订单详情中的书籍 Book，如例 5.16 所示。

[例 5.16]　Orderdetails.java

```
package cn.edu.buu.omr.entity;
public class Orderdetails {
        private Integer dId;
        private Integer oId;
        private String bId;
        private Double preferential;
        private Integer quantity;
        private Orders ordersByOId;
        private Book bookByBId;
        //省略了 getter、setter、hashCode、toString、equals 等方法
}
```

上述实体类的映射文件 User.hbm.xml、Orders.hbm.xml、Orderdetails.hbm.xml 分别如例 5.17～例 5.19 所示。

[例 5.17]　User.hbm.xml

```
<?xml version='1.0' encoding='utf-8'?>
<!DOCTYPE hibernate-mapping PUBLIC
    "-//Hibernate/Hibernate Mapping DTD 3.0//EN"
    "http://www.hibernate.org/dtd/hibernate-mapping-3.0.dtd">
<hibernate-mapping>
    <class name="cn.edu.buu.omr.entity.User" table="user"
        schema="ecommerce" lazy="false">
    <id name="uId">
        <column name="u_id" sql-type="int(11)"/>
    </id>
    <property name="uRegister">
        <column name="u_register" sql-type="varchar(50)"
                                        length="50"/>
    </property>
    <property name="uName">
        <column name="u_name" sql-type="varchar(22)"
                                        length="22"/>
    </property>
```

```xml
            <property name="uSex">
                <column name="u_sex" sql-type="varchar(4)"
                                          length="4"/>
            </property>
            <property name="uPassword">
                <column name="u_password" sql-type="varchar(200)"
                                          length="200"/>
            </property>
            <property name="uPhone">
                <column name="u_phone" sql-type="varchar(11)"
                                          length="11"/>
            </property>
            <property name="uQq">
                <column name="u_qq" sql-type="varchar(15)"
                                          length="15"/>
            </property>
            <property name="uPayOne">
                <column name="u_pay_one" sql-type="varchar(50)"
                                          length="50"/>
            </property>
            <!-- 使用 set 元素存储了用户拥有的送货地址信息 -->
            <set name="addressesByUId" inverse="true">
                <key>
                    <column name="u_id"/>
                </key>
                <one-to-many not-found="ignore"
                    class="cn.edu.buu.omr.entity.Address"/>
            </set>
            <!-- 使用 set 元素存储了用户拥有的订单信息 -->
            <set name="ordersByUId" inverse="true">
                <key>
                    <column name="u_id"/>
                </key>
                <one-to-many not-found="ignore"
                    class="cn.edu.buu.omr.entity.Orders"/>
            </set>
    </class>
</hibernate-mapping>
```

[例 5.18]　Orders.hbm.xml

```xml
<?xml version='1.0' encoding='utf-8'?>
<!DOCTYPE hibernate-mapping PUBLIC
    "-//Hibernate/Hibernate Mapping DTD 3.0//EN"
    "http://www.hibernate.org/dtd/hibernate-mapping-3.0.dtd">
```

数据库开发技术标准教程

```xml
<hibernate-mapping>
    <class name="cn.edu.buu.omr.entity.Orders"
            table="orders" schema="ec_system">
        <id name="oId">
            <column name="o_id" sql-type="int(11)"/>
        </id>
        <property name="oBussinessId">
            <column name="o_bussiness_id"
                    sql-type="varchar(50)" length="50"/>
        </property>
        <property name="oCount">
            <column name="o_count" sql-type="float"
                    precision="-1" not-null="true"/>
        </property>
        <property insert="false" update="false" name="uId">
            <column name="u_id" sql-type="int(11)"/>
        </property>
        <property insert="false" update="false" name="aId">
            <column name="a_id" sql-type="int(11)"/>
        </property>
        <property name="oDate">
            <column name="o_date" sql-type="date"/>
        </property>
        <property name="oStatus">
            <column name="o_status" sql-type="varchar(10)"
                                    length="10"/>
        </property>
        <property name="oDeliver">
            <column name="o_deliver" sql-type="varchar(30)"
                                    length="30"/>
        </property>
        <property name="oDeliverfee">
            <column name="o_deliverfee" sql-type="float"
                                    precision="-1"/>
        </property>
        <many-to-one name="userByUId"
                    class="cn.edu.buu.omr.entity.User">
            <column name="u_id"/>
        </many-to-one>
        <many-to-one name="addressByAId"
                    class="cn.edu.buu.omr.entity.Address">
            <column name="a_id"/>
        </many-to-one>
        <set name="orderdetailsByOId" inverse="true">
```

```xml
                    <key>
                        <column name="o_id"/>
                    </key>
                    <one-to-many not-found="ignore"
                            class="cn.edu.buu.omr.entity.Orderdetails"/>
            </set>
        </class>
</hibernate-mapping>
```

[例 5.19]　Orderdetails.hbm.xml

```xml
<?xml version='1.0' encoding='utf-8'?>
<!DOCTYPE hibernate-mapping PUBLIC
    "-//Hibernate/Hibernate Mapping DTD 3.0//EN"
    "http://www.hibernate.org/dtd/hibernate-mapping-3.0.dtd">
<hibernate-mapping>
    <class name="cn.edu.buu.omr.entity.Orderdetails"
            table="orderdetails" schema="ec_system">
        <id name="dId">
            <column name="d_id" sql-type="int(11)"/>
        </id>
        <property insert="false" update="false" name="oId">
            <column name="o_id" sql-type="int(11)"/>
        </property>
        <property insert="false" update="false" name="bId">
            <column name="b_id" sql-type="varchar(20)"
                                    length="20"/>
        </property>
        <property name="preferential">
            <column name="preferential" sql-type="float"
                                        precision="-1"/>
        </property>
        <property name="quantity">
            <column name="quantity" sql-type="int(11)"/>
        </property>
        <many-to-one name="ordersByOId"
    class="cn.edu.buu.omr.entity.Orders">
            <column name="o_id"/>
        </many-to-one>
        <many-to-one name="bookByBId"
    class="cn.edu.buu.omr.entity.Book">
            <column name="b_id"/>
        </many-to-one>
    </class>
</hibernate-mapping>
```

```java
package cn.edu.buu.omr;
import cn.edu.buu.omr.entity.Orders;
import cn.edu.buu.omr.entity.User;
import org.hibernate.Session;
import org.hibernate.Transaction;
import java.util.Collection;
import java.util.Scanner;
public class One2ManyMappingApplication {
    public static void main(String[] args) {
        Session session = HibernateUtil.newSession();
        Transaction transaction = session.beginTransaction();
        Scanner scanner = new Scanner(System.in);
        try {
            //一对多表查询
            int id = -1;
            boolean ok = false;
            do {
                System.out.println("请输入用户 Id");
                try {
                id = scanner.nextInt();
                ok = true;
                } catch(Exception ignore){}
            } while (!ok);
            User user = session.get(User.class,id);
            if (user == null){
                System.out.println("用户不存在");
            } else {
                Collection<Orders> orders =
                user.getOrdersByUId();
                System.out.println("用户订单列表: ");
                orders.forEach((temp) ->
                System.out.println("订单号: "
                + temp.getoId()));
                id = -1;
                do {
                    System.out.println("请输入订单 Id");
                    try {
                        id = scanner.nextInt();
                        ok = false;
                    } catch (Exception ignore) { }
                } while (ok);
                Orders order = session.get(Orders.class,id);
                if (order != null){
```

```
                    System.out.println(order);
                } else {
                    System.out.println("用户不存在订单");
                }
            }
            transaction.commit();
        } catch (Exception e) {
            transaction.rollback();
            e.printStackTrace();
        } finally {
            scanner.close();
            HibernateUtil.closeSession(session);
        }
    }
}
```

例 5.20 的运行结果如图 5.15 所示。

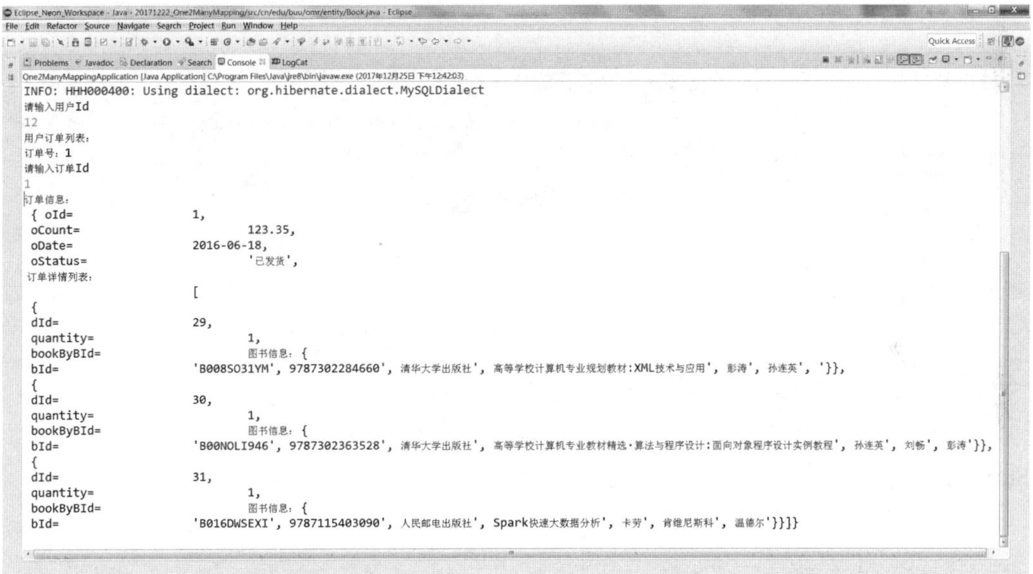

图 5.15 一对多映射应用程序的运行结果

5.6.3 多对多联系的映射

多对多的案例采用学生和课程实例：一个学生可以选择多门课程，一门课程也可以被多个学生选择。数据库名称为 sports_class_database，其中包含三张表：student、sports_class 和 stu_spo_relationship，这三张表分别存储学生信息、体育课程信息、学生选课信息，其逻辑结构分别如图 5.16～图 5.18 所示。

图 5.16　表 student 结构

图 5.17　表 sports_class 结构

图 5.18　表 stu_spo_relationship 结构

在程序中，除了定义学生类 Student 和体育课程类 SportsClass 之外，还定义了类 StuSpoRelationship，用于表示二者之间多对多的关系，如例 5.21 所示。

[例 5.21]　StuSpoRelationship.java

```java
package cn.edu.buu.mmr.entity.pojo;
public class StuSpoRelationship {
    private Integer studentId;
    private Integer sportsClassId;
    //省略了 getter、setter、hashCode、equals、toString 等方法
}
```

[例 5.22]　Student.hbm.xml

```xml
<?xml version='1.0' encoding='utf-8'?>
<!DOCTYPE hibernate-mapping PUBLIC
    "-//Hibernate/Hibernate Mapping DTD 3.0//EN"
    "http://www.hibernate.org/dtd/hibernate-mapping-3.0.dtd">
```

```xml
<hibernate-mapping>
    <class name="cn.edu.buu.mmr.entity.pojo.Student"
            table="student" schema="sports_class_database">
        <id name="id">
            <column name="student_id" sql-type="int(11)"/>
            <generator class="increment"/>
        </id>
        <property name="number">
            <column name="number" sql-type="varchar(13)"
                                    length="13"/>
        </property>
        <property name="name">
            <column name="name" sql-type="varchar(30)"
                                    length="30"/>
        </property>
        <property name="major">
            <column name="major" sql-type="varchar(30)"
                                    length="30"/>
        </property>
        <property name="password">
            <column name="password" sql-type="varchar(16)"
                                    length="16"/>
        </property>
    </class>
</hibernate-mapping>
```

[例 5.23]　SportsClass.hbm.xml

```xml
<?xml version='1.0' encoding='utf-8'?>
<!DOCTYPE hibernate-mapping PUBLIC
    "-//Hibernate/Hibernate Mapping DTD 3.0//EN"
    "http://www.hibernate.org/dtd/hibernate-mapping-3.0.dtd">
<hibernate-mapping>
    <class name="cn.edu.buu.mmr.entity.pojo.SportsClass"
            table="sports_class" schema="sports_class_database">
        <id name="id">
            <column name="sports_class_id" sql-type="int(11)" />
            <generator class="increment"/>
        </id>
        <property name="name">
            <column name="name"  sql-type="varchar(60)"
                                    length="60"/>
        </property>
        <property name="commons">
            <column name="commons" sql-type="varchar(255)"/>
        </property>
```

```xml
            <property name="teacherName">
                <column name="teacher_name" sql-type="varchar(30)"
                                            length="30"/>
            </property>
        </class>
</hibernate-mapping>
```

[例 5.24]　StuSpoRelationship.hbm.xml

```xml
<?xml version='1.0' encoding='utf-8'?>
<!DOCTYPE hibernate-mapping PUBLIC
    "-//Hibernate/Hibernate Mapping DTD 3.0//EN"
    "http://www.hibernate.org/dtd/hibernate-mapping-3.0.dtd">
<hibernate-mapping>
    <class name="cn.edu.buu.mmr.entity.pojo.StuSpoRelationship"
            table="stu_spo_relationship"
            schema="sports_class_database" >
        <id name="studentId">
            <column name="student_id" sql-type="int(11)"/>
        </id>
        <property name="sportsClassId">
            <column name="sports_class_id" sql-type="int(11)"
                    not-null="true" />
        </property>
    </class>
</hibernate-mapping>
```

　　上述类和映射文件均在包 cn.edu.buu.mmr.entity.pojo 中。为了存储从数据库中获得的表示学生和课程之间的关联关系，还定义了类 StudentInfo，该类在包 cn.edu.buu.mmr.entity 中，如例 5.25 所示。

[例 5.25]　StudentInfo.java

```java
package cn.edu.buu.mmr.entity;
public class StudentInfo {
    private Integer studentId;
    private String studentNumber;
    private String studentName;
    private String major;
    private String password;
    private Integer sportsClassId;
    private String sportsClassName;
    private String sportsClassCommons;
    private String sportsClassTeacherName;
    //省略了 getter、setter、hashCode、equals、toString 等方法
}
```

多对多映射的应用程序类如例 5.26 所示。

[例 5.26] Many2ManyMappingTest.java

```java
package cn.edu.buu.mmr;
import cn.edu.buu.mmr.entity.StudentInfo;
import org.hibernate.Session;
import org.hibernate.Transaction;
import org.hibernate.query.Query;
import java.util.List;
public class Many2ManyMappingTest {
    public static void main(String[] args) {
        Session session = HibernateUtil.newSession();
        Transaction transaction = session.beginTransaction();
        try {
            //第一种方法：自定义类读取
            Query<StudentInfo> query1 = session.createQuery(
                "select new cn.edu.buu.mmr.entity.StudentInfo
                (stu.id,stu.number,stu.name,stu.major,
                stu.password,spo.id,spo.name,spo.commons,
                spo.teacherName)
                from SportsClass spo,Student stu,
                StuSpoRelationship ssr
                where ssr.sportsClassId=spo.id
                and ssr.studentId=stu.id");
            System.out.println("\n方法 1: ");
            System.out.println("查到的学生信息（全）: "
                                + query1.list().get(0));
            session.flush();
            //第二种方法：分类查询
            Query<Object[]> query2 = session.createQuery
                ("select stu,spo from SportsClass spo,
                Student stu,StuSpoRelationship ssr
                where ssr.sportsClassId=spo.id
                and ssr.studentId=stu.id");
            Object[] studentInfo = query2.list().get(0);
            System.out.println("\n方法 2: ");
            System.out.println("查到的学生基本信息: "
                                + studentInfo[0]);
            System.out.println("查到的体育课信息: "
                                + studentInfo[1]);
            session.flush();
            //第三种方法：分页查询+按 id 排序
            Query<StudentInfo> query3 = session.createQuery
                ("select new cn.edu.buu.mmr.entity.StudentInfo
```

```
                (stu.id,stu.number,stu.name,stu.major,
                stu.password,spo.id,spo.name,spo.commons,
                spo.teacherName)
                from SportsClass spo,Student stu,
                StuSpoRelationship ssr
                where ssr.sportsClassId=spo.id
                and ssr.studentId=stu.id
                order by stu.id");
        query3.setFirstResult(10);
        query3.setMaxResults(10);
        List<StudentInfo> list = query3.list();
        System.out.println("\n方法3：从id="
                    + list.get(0).getStudentId()
                    + "开始，读取了" + list.size() + "条数据，");
        for (StudentInfo student : list) {
            System.out.println(student);
        }
        session.flush();
        transaction.commit();
    } catch (Exception e) {
        transaction.rollback();
        e.printStackTrace();
    } finally {
        HibernateUtil.closeSession(session);
        System.exit(0);
    }
    }
}
```

该程序的运行结果如图 5.19 所示。

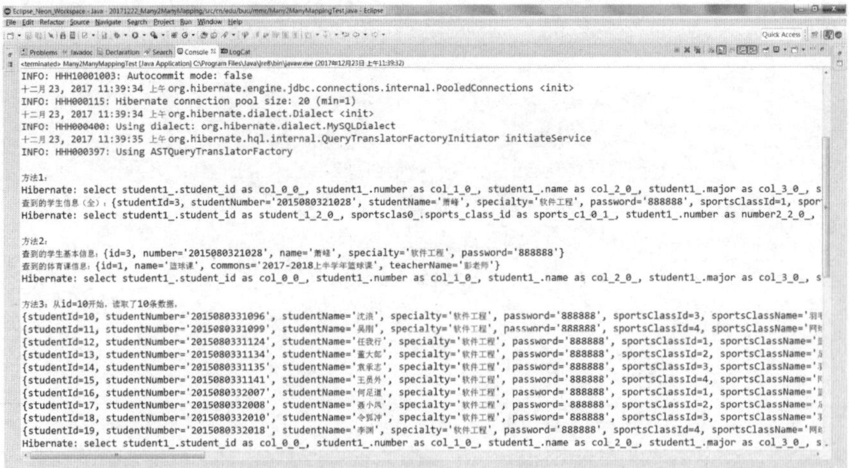

图 5.19　多对多映射应用程序运行结果

5.7 DAO 模式深入分析

在 4.6 节中，对 DAO 编程模式进行了简要介绍。DAO 编程模式中，类之间的关系如图 5.20 所示。

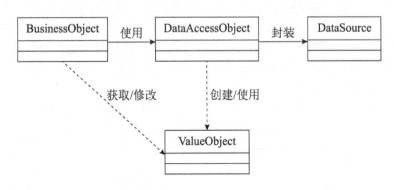

图 5.20 DAO 编程模式

在 4.6 节中采用了基于传统的 JDBC 进行编程实现方法，而在 5.3 节第一个 Hibernate 程序中，则采用了基于 Hibernate 的编程方法来实现数据访问层和持久化功能。也就是说，在 4.6 节 DAO 编程模式的例子中，DataAccessObject 类是类 jdbc.dao.UserDaoImpl，而在 5.3 节第一个 Hibernate 程序中，DataAccessObject 类则为类 cn.edu.buu.dal. UserDAOHibernate（参见例 5.6）。而 BusinessObject 类在调用 DataAccessObject 类的方法之前，需要创建 DataAccessObject 类的对象。而创建 DataAccessObject 类的对象一般需要知道类的名称。最简单最原始的做法，是在 BusinessObject 类中直接使用 DataAccessObject 类的名称来创建该类的对象（参见例 5.7）。这种方法的缺点是，如果 DataAccessObject 类发生了变化（例如更换了关系数据库或者从基于 JDBC 编程改为使用 Hibernate 框架等），需要修改程序并重新部署，应用程序的可维护性较差。

比这种方法稍微改进一些的方法之一就是采用设计模式中的工厂模式（Factory Pattern）。以 UserDAO 为例（参见例 5.5），该接口可能有多种不同的实现类。一般的做法是，定义一个工厂类 UserDAOFactory，在该类中定义一个工厂方法，该方法返回 UserDAO 的某个实现类，具体返回 UserDAO 的哪一个类的对象则取决于具体的外部情况。UserDAOFactory 类的定义一般采用单例模式（Singleton Pattern）来实现，主要是为了保证运行期间只有一个对象，因为一般在程序中不需要使用到多个 UserDAOFactory 对象。

5.8 控制反转

在实际的应用开发中，开发人员需要尽量避免和降低对象间的依赖关系，即降低耦合度。通常的业务对象之间都是互相依赖的，业务对象与业务对象、业务对象与持久层对象、业务对象与各种资源之间都存在这样或那样的依赖关系。但是如何才能做到降低类之间的依赖关系呢？这就是 IoC 需要解决的问题。

5.8.1 IoC 与 DI

IoC（Inversion of Control，控制反转）是由容器来控制业务对象之间的依赖关系，而不是像传统方式中由代码来直接控制。控制反转的本质是控制权由应用代码转到了外部容器，控制权的转移即是所谓的反转。控制权的转移带来的好处是降低了对象之间的依赖程度，降低了调用者和被调用者之间的耦合程度，实现了松耦合。

IoC 的实现策略有以下两种。

❑ 依赖查找：容器中的受控对象通过容器的 API 来查找自己所依赖的资源和协作对象。这种方式虽然降低了对象间的依赖，但同时也使用到了容器的 API，造成了无法在容器外使用和测试对象。

❑ 依赖注入（Dependency Injection，DI）：对象只提供普通的方法让容器去决定依赖关系，容器全权负责组建的装配，它会把符合依赖关系的对象通过属性或者是构造函数传递给需要的对象。通过属性注入依赖关系的做法称为设值（setter）方法注入，将构造子参数传入的做法称为构造（constructor）子注入。

依赖注入的优点是：查询依赖操作和应用代码分离；受控对象不会使用到容器的特定的 API，这样受控对象可以搬出容器单独使用。

5.8.2 IoC 模式编程示例

IoC 代表的是一种思想，也是一种开发模式，不是具体的开发方法。要理解 IoC 的概念，最简单的方式就是看实际应用。下面将着重介绍几个实例来讲解 IoC 的内涵。

开发一个应用系统时，会需要开发大量的 Java 类，系统将会通过这些 Java 类之间的相互调用来产生作用。类与类之间的调用关系是系统类之间最直接的关系。因此，可以将系统中的类分为两类：调用者和被调用者。仍以 DAO 编程模式（参见图 5.20）为例，业务层（上层）中的对象 BusinessObject 需要使用数据访问层（下层）中的对象 DataAccessObject。这种上层对象调用下层对象的方法在多层软件架构中是非常常见的现象。

目前调用方法总共有三种：①自己创建；②工厂模式；③外部注入。其中，外部注入即为控制反转/依赖注入模式（IoC/DI）。可以用三个形象的东西来分别表示它们，就是 new、get、set。顾名思义，new 表示自己创建；get 表示主动去取（即工厂）；set 表示是被别人送进来的（即注入）。其中，get 和 set 分别表示了主动去取和等待送来两种截然相反的特性，这三个单词代表了三种方法的思想精髓。

无论是哪一种方法，都存在两个角色，那就是调用者和被调用者。下面通过实例来讲解这三种方法的具体含义。首先，设定调用对象为学生对象 Student，被调用者对象为图书对象 Book，要设计的代码功能是学生学习图书。一般习惯于一种思维编程方式：接口驱动，可以提供不同灵活的子类实现。具体实现代码如例 5.27 所示。

[例 5.27] Book 接口和实现类

```
//Book 接口类
public interface IBook {
    public void learn();
}
//BookA 实现类
public class BookA implements IBook {
    public void learn() {
        System.out.println("学习 BookA");
    }
}
//BookB 实现类
public class BookB implements IBook {
    public void learn() {
        System.out.println("学习 BookB");
    }
}
```

下面将用三种不同的方法调用图书类。

（1）new——调用者自身创建。

Student 要学习 BookA，就要定义一个 learnBookA()的方法，并自己来创建 BookA 的对象；同样，要学习 BookB，就要定义一个 learnBookB()的方法，并自己来创建 BookB 的对象。然后建立一个测试类 Test.java 来创建一个 Student 对象，可以分别调用 learnBookA()和 learnBookB()方法来分别执行两本书的学习过程。具体实现代码如例 5.28 所示。

[例 5.28] 学生类和测试运行

```
//学生类
public class Student {
    public void learnBookA() {
        IBook book = new BookA();
        book.learn();
    }
    public void learnBookB() {
        IBook book = new BookB();
        book.learn();
    }
}

//测试运行
public class Test {
    public static void main() {
        Student student = new Student();
```

```
        student.learnBookA();
        student.learnBookB();
    }
}
```

该方法在调用者 Student 需要调用被调用者 IBook 时，需要由自己创建一个 IBook 对象。这种做法的缺点是，无法更换被调用者，并且要负责被调用者的整个生命周期。

（2）get——工厂模式。

一切对象都由自己创建的缺点是：每一次调用都需要自己来负责创建对象，创建的对象会到处分散，造成管理上的麻烦，比如异常处理等。因此，可以将对象创建的过程提取出来，由一个工厂（Factory）统一来创建，需要什么对象都可以从工厂中取得。

例如例 5.29 中，创建了一个工厂类 BookFactory，为该类添加两个函数 getBookA() 和 getBookB()，分别用于创建 BookA 和 BookB 的对象。然后再创建 Student 中 learnBookA()和 learnBookB()的方法，改为分别在该工厂类中取得这两个对象。具体实现代码如例 5.29 所示。

[例 5.29] 图书工厂和学生类及测试运行

```
//图书工厂
public class BookFactory {
    public static IBook getBookA() {
        IBook book = new BookA();
    }
    public static IBook getBookB() {
        IBook book = new BookB();
    }
}
//学生类
public class Student {
    public void learnBookA() {
        IBook book = BookFactory.getBookA();
        book.learn();
    }
    public void learnBookB() {
        IBook book = BookFactory.getBookB();
        book.learn();
    }
}
//测试运行
public class Test {
    public static void main() {
        Student student = new Student();
        student.learnBookA();
```

数据库开发技术标准教程

```
        student.learnBookB();
    }
}
```

　　此时与第一种方法的区别是，多了一个工厂类（BookFactory），并将 Student 中创建对象的代码提取到了工厂类，Student 直接从工厂类中取得要创建的对象。这种方法的优点是：实现了对象的统一创建，调用者无须关心对象创建的过程，只管从工厂中取得即可。

　　这种方法实现了一定程度的优化，使得代码的逻辑也更趋向于统一。但是，对象的创建依然不灵活，因为对象的取得完全取决于工厂，又多了中间一道工序。

　　（3）set——外部注入。

　　显然，第一种方式依赖于被调用者对象，第二种方式依赖于工厂，都存在依赖性。为了彻底解决依赖性的问题，取消了工厂类，并仅为 Student 添加一个学习的方法 learnBook()，输入的参数是接口类型 IBook。在使用 Student 的方法时，先创建 IBook 的具体对象，然后再把该对象作为 learnBook() 的输入参数注入 Student，调用接口 IBook 的统一方法 learn() 即可完成学习过程。具体实现代码如例 5.30 所示。

　　[例 5.30]　学生类及测试运行

```
//学生类
public class Student {
    public void learnBook(IBook book) {
        book.learn();
    }
}
//测试运行
    public class Test {
        public static void main() {
        IBook bookA = new BookA();
        IBook bookB = new BookB();
        Student student = new Student();
        student.learnBook(bookA);
        student.learnBook(bookB);
    }
}
```

　　这样就完全简化了 Student 类的方法，learnBook() 的方法不再依赖于某一个特定的 Book，而是使用了接口类 IBook，这样只要在外部创建任意 IBook 的实现对象输入到该方法即可，使得 Student 类完全解脱了与具体某一种 Book 的依赖关系。例 5.29 中的 Test.java，分别创建了 bookA 和 bookB 对象，同样都可以调用 Student 的 learnBook() 方法，使得 Student 变得完全通用。

　　可见，set——外部注入方式完全抛开了依赖关系的枷锁，可以自由地由外部注入，这就是 IoC，将对象的创建和获取提前到外部，由外部容器提供需要的组件。在基于 Java 平台进行企业级应用开发时，Spring 是使用最广泛的支持 IoC 与 DI 的开源框架。

5.9.1 Spring 框架简介

Spring 是一个开源框架，是为了解决企业应用程序开发复杂性而创建的。框架的主要优势之一就是分层架构。分层架构允许开发人员选择使用哪一个组件，同时为 J2EE 应用程序开发提供集成的框架。

Spring 是一个开源的轻量级 Java SE（Java 标准版本）/Java EE（Java 企业版本）开发应用框架，目的是用于简化企业级应用程序开发。应用程序是由一组相互协作的对象组成。在传统应用程序开发中，一个完整的应用是由一组相互协作的对象组成。所以开发一个应用除了要开发业务逻辑之外，最多的是关注如何使这些对象协作来完成所需功能，而且要低耦合、高内聚。业务逻辑开发是不可避免的，就需要有个框架能够帮助创建对象及管理这些对象之间的依赖关系。可能有人说，比如"抽象工厂、工厂方法设计模式"不也可以创建对象？"生成器模式"处理对象间的依赖关系，不也能完成这些功能吗？这些方法需要创建另一些工厂类、生成器类，又要另外管理这些类，增加了程序员的负担。如果能通过配置方式来创建对象，管理对象之间依赖关系，不需要通过工厂和生成器来创建及管理对象之间的依赖关系，这样就减少了许多工作，加速了开发。Spring 框架刚出来时主要就是完成这个功能。

可以认为 Spring 是一个超级黏合平台，除了自己提供功能外，还提供黏合其他技术和框架的能力，从而使开发者可以更自由地选择到底使用什么技术进行开发。而且无论是 Java SE（C/S 架构）应用程序还是 Java EE（B/S 架构）应用程序都可以使用这个平台进行开发。

传统程序开发，创建对象及组装对象间依赖关系由开发人员在程序内部进行控制，这样会加大各个对象间的耦合，如果开发人员要修改对象间的依赖关系就必须修改源代码，重新编译、部署；而如果采用 Spring，则由 Spring 根据配置文件来进行创建及组装对象间依赖关系，只需要改配置文件即可，无须重新编译。所以，Spring 能帮开发人员根据配置文件创建及组装对象之间的依赖关系。

当开发人员要进行一些日志记录、权限控制、性能统计等时，在传统应用程序当中可能在对象或方法中进行，而且比如权限控制、性能统计大部分是重复的，这样代码中就存在大量重复代码，即使有人说可以把通用部分提取出来，但调用还是存在重复，像性能统计可能只是在必要时才进行，在诊断完毕后要删除这些代码；还有日志记录，比如记录一些方法访问日志、数据访问日志等，这些都会渗透到各个访问方法中；还有权限控制，必须在方法执行开始进行审核，想想这些是多么可怕而且是多么无聊的工作。如果采用 Spring，这些日志记录、权限控制、性能统计从业务逻辑中分离出来，通过 Spring 支持的面向切面编程，在需要这些功能的地方动态添加这些功能，无须渗透到各个需要的方法或对象中；有人可能说了，可以使用"代理设计模式"或"包装器设计模式"，可以使用这些，但还是需要通过编程方式来创建代理对象，还是要耦合这些代理对象，而采用 Spring 面向切面编程能提供一种更好的方式来完成上述功能，一般通过配置方式，而且不需要在现有代码中添加任何额外代码，现有代码专注业务逻辑。所以，Spring 面向切面编程能帮助开发人员无耦合地实现日志记录、性能统计、安全控制等。

传统应用程序中，开发人员如何来完成数据库事务管理？需要一系列"获取连接，执行 SQL，提交或回滚事务，关闭连接"，而且还要保证在最后关闭连接；如果采用 Spring，只需获取连接、执行 SQL 即可，其他的都交给 Spring 管理。因此，Spring 能非常方便地帮助开发人员管理数据库事务。

Spring 还能与第三方数据库访问框架（如 Hibernate、JPA）无缝集成，而且自己也提供了一套 JDBC 访问模板，方便数据库访问。

Spring 还能与第三方 Web（如 Struts、JSF）框架无缝集成，而且 Spring 本身也提供了一套 Spring MVC 框架，来方便 Web 层搭建。

Spring 能方便地与 Java EE（如 Java Mail、任务调度等）整合，与更多技术整合（比如缓存框架）。

Spring 能帮开发人员做这么多事情，提供这么多功能和与那么多主流技术整合，而且是完成了开发中比较头疼和困难的事情，那可能有人会问，难道只有 Spring 这一个框架，没有其他选择？当然有，比如 EJB 需要依赖应用服务器、开发效率低、在开发中小型项目时是宰鸡拿牛刀，虽然发展到现在，EJB 已经比较好用了，但还是比较笨重，而且还需要依赖应用服务器等。

Spring 能帮助我们简化应用程序开发，帮助我们创建和组装对象，为我们管理事务。简单的 MVC 框架，可以把 Spring 看作是一个超级黏合平台，能把很多技术整合在一起，形成一个整体，使系统结构更优良、性能更出众，从而加速程序开发。

Spring 框架是一个分层架构，由 7 个定义良好的模块组成。Spring 模块构建在核心容器之上，核心容器定义了创建、配置和管理 Bean 的方式，如图 5.21 所示。

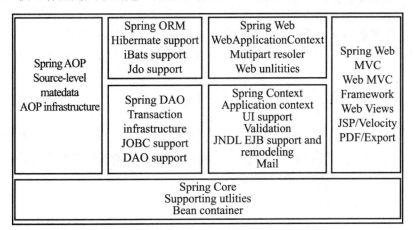

图 5.21　Spring 框架的 7 个模块

组成 Spring 框架的每个模块（或组件）都可以单独存在，或者与其他一个或多个模块联合实现。每个模块的功能如下。

1．核心容器

核心容器提供 Spring 框架的基本功能。Spring 核心容器的主要组件是 BeanFactory，它是工厂模式的实现。BeanFactory 使用控制反转（IoC）模式将应用程序的配置和依赖性规范与实际的应用程序代码分开。

2．Spring 上下文

Spring 上下文是一个配置文件，向 Spring 框架提供上下文信息。Spring 上下文包括企业服务，例如 JNDI、EJB、电子邮件、国际化、校验和调度功能。

3．Spring AOP

通过配置管理特性，Spring AOP（Aspect Oriented Programming，面向切面编程）模块直接将面向切面的编程功能集成到了 Spring 框架中，所以，可以很容易地使 Spring 框架管理的任何对象支持 AOP。Spring AOP 模块为基于 Spring 的应用程序中的对象提供了事务管理服务。通过使用 Spring AOP，不用依赖 EJB 组件，就可以将声明性事务管理集成到应用程序中。

4．Spring DAO

JDBC DAO 抽象层提供了有意义的异常层次结构，可用该结构来管理异常处理和不同数据库供应商抛出的错误消息。异常层次结构简化了错误处理，并且极大地降低了需要编写的异常代码数量（例如打开和关闭连接）。Spring DAO 的面向 JDBC 的异常类遵从通用的 DAO 异常层次结构。

5．Spring ORM

Spring 框架插入了若干个 ORM 框架，从而提供了 ORM 的对象关系工具，其中包括 JDO、Hibernate 和 MyBatis 等。所有这些都遵从 Spring 的通用事务和 DAO 异常层次结构。

6．Spring Web 模块

Web 上下文模块建立在应用程序上下文模块之上，为基于 Web 的应用程序提供了上下文。所以，Spring 框架支持与 Apache Struts 的集成。Web 模块还简化了处理多部分请求以及将请求参数绑定到域对象的工作。

7．Spring MVC 框架

Spring MVC 框架是一个全功能的构建 Web 应用程序的 MVC 实现。通过策略接口，MVC 框架变成为高度可配置的。MVC 容纳了大量视图（即表现层）技术，其中包括 JSP、Velocity、Tiles、iText 和 POI。

Spring 框架的功能可以用在任何 J2EE 服务器中，大多数功能也适用于不受管理的环境。Spring 的核心要点是：支持与特定 J2EE 服务无关的可重用业务和数据访问对象。

毫无疑问，这样的对象可以在不同 J2EE 环境（Web 或 EJB）、独立应用程序、测试环境之间重用。

控制反转模式（也称作依赖注入）的基本概念是：在应用程序中并不直接创建对象，在程序外部（例如通过框架的配置文件）描述创建它们的方式。在代码中不直接与对象和服务连接，但在配置文件中描述哪一个组件需要哪一项服务。容器（在 Spring 框架中是 IoC 容器）负责将这些联系在一起。

在典型的 IoC 场景中，容器创建了所有对象，并设置必要的属性将它们连接在一起，决定什么时间调用方法。表 5.1 列出了 IoC 的一个实现模式。Spring 框架的 IoC 容器采用类型 2 和类型 3 实现。

表 5.1　各种典型的 IoC 场景及实现方式

类型	实现方式
类型 1	服务需要实现专门的接口，通过接口，由对象提供这些服务，可以从对象查询依赖性（例如，需要的附加服务）
类型 2	通过 JavaBean 的属性（例如 setter 方法）分配依赖性
类型 3	依赖性以构造函数的形式提供，不以 JavaBean 属性的形式公开

面向切面的编程（AOP）是一种编程技术，它允许程序员对横切关注点或横切典型的职责分界线的行为（例如日志和事务管理）进行模块化。AOP 的核心构造是切面，它将那些影响多个类的行为封装到可重用的模块中。

AOP 和 IoC 是补充性的技术，它们都运用模块化方式解决企业应用程序开发中的复杂问题。在典型的面向对象开发方式中，可能要将日志记录语句放在所有方法和 Java 类中才能实现日志功能。在 AOP 方式中，可以反过来将日志服务模块化，并以声明的方式将它们应用到需要日志的组件上。当然，优势是 Java 类不需要知道日志服务的存在，也不需要考虑相关的代码。所以，用 Spring AOP 编写的应用程序代码是松散耦合的。

AOP 的功能完全集成到了 Spring 事务管理、日志和其他各种特性的上下文中。

Spring 设计的核心是 org.springframework.beans 包，它的设计目标是与 JavaBean 组件一起使用。下一个最高级抽象是 BeanFactory 接口，它是工厂设计模式的实现，允许通过名称创建和检索对象。BeanFactory 也可以管理对象之间的关系。

BeanFactory 支持以下两个对象模型。

❑　单态：该模型提供了具有特定名称的对象的共享实例，可以在查询时对其进行检索。Singleton 是默认的也是最常用的对象模型。对于无状态服务对象很理想。

❑　原型：该模型确保每次检索都会创建单独的对象。在每个用户都需要自己的对象时，原型模型最适合。

Bean 工厂（BeanFactory）的概念是 Spring 作为 IoC 容器的基础。IoC 将处理事情的责任从应用程序代码转移到框架。正如将在下一个示例中演示的那样，Spring 框架使用 JavaBean 属性和配置数据来指出必须设置的依赖关系。

Spring 框架运行时（Runtime）架构如图 5.22 所示。

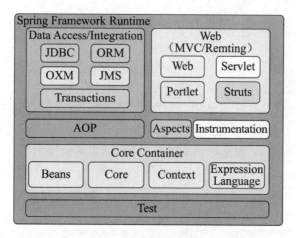

图 5.22 Spring 框架运行时（Runtime）架构

5.9.2 基于 Spring 的 DAO 实现方法

本示例程序是在 5.3 节第一个 Hibernate 程序的基础上集成 Spring 框架，使用户添加操作不再指定使用 UserDAO 接口的具体子类，而是由 Spring IoC 容器指定在应用程序运行时使用的 UserDAO 接口的具体子类。

本项目在 Eclipse 中的情况如图 5.23 所示。

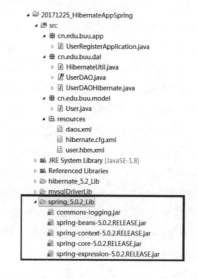

图 5.23 Hibernate 与 Spring IoC 整合的项目情况

本项目与 5.3 节第一个 Hibernate 程序相比，其实改动不大，主要包括以下几点。

添加 DAO 的配置文件 daos.xml，如例 5.31 所示。

[例 5.31] daos.xml

```
<?xml version="1.0" encoding="UTF-8"?>
```

```xml
<beans xmlns="http://www.springframework.org/schema/beans"
      xmlns:xsi="http://www.w3.org/2001/XMLSchema-instance"
xsi:schemaLocation="http://www.springframework.org/schema/beans
http://www.springframework.org/schema/beans/spring-beans.xsd">
    <bean id="userDAO" class="cn.edu.buu.dal.UserDAOHibernate">
    </bean>
</beans>
```

[例 5.32]　UserRegisterApplication.java

```java
package cn.edu.buu.app;
import java.io.UnsupportedEncodingException;
import java.security.MessageDigest;
import java.security.NoSuchAlgorithmException;
import org.springframework.context.ApplicationContext;
import org.springframework.context.
                          ConfigurableApplicationContext;
import org.springframework.context.support.
                          FileSystemXmlApplicationContext;
import cn.edu.buu.dal.UserDAO;
import cn.edu.buu.model.User;
import sun.misc.BASE64Encoder;
@SuppressWarnings("restriction")
public class UserRegisterApplication {
    //省略了 EncoderByMd5 方法，参见例 5.7
    public static void main(String[] args)
                          throws NoSuchAlgorithmException,
                          unsupportedEncodingException {

    User newUser = new User();
    newUser.setUsername("XiaoMing");
    newUser.setRealname("小茗同学");
    newUser.setPassword(EncoderByMd5("cnedubuu"));
    newUser.setSex("男");
    newUser.setPhone("13901088888");
    newUser.setQq("666");
    newUser.setPay_one("支付宝");
    newUser.setPay_two("微信");
    newUser.setPay_three("信用卡");
    ApplicationContext context = null;
    Context = new FileSystemXmlApplicationContext
                    ("src/resources/daos.xml");
    UserDAO userDAO = (UserDAO)
                    context.getBean("userDAO");
    userDAO.addUser(newUser);
    ((ConfigurableApplicationContext)context).close();
    System.exit(0);
```

```
    }
  }
```

Spring 使用 BeanFactory 来实例化、配置和管理对象，但是它只是一个接口，有一个 getBean()方法。一般都不直接用 BeanFactory，而是用它的实现类 ApplicationContext，这个类会自动解析应用程序中的 Bean 配置文件，然后根据配置的 Bean 来 new 对象，将 new 好的对象放进一个 Map 中，键就是配置文件中 Bean 的 id（例 5.31 中的 id 值为 userDAO），值就是 new 的对象。

Application Context 是 Spring 中较高级的容器。和 BeanFactory 类似，它可以加载配置文件中定义的 Bean，将所有的 Bean 集中在一起，当有请求的时候分配 Bean。另外，它增加了企业所需要的功能，比如，解析配置文件中的文本信息，并将事件传递给所指定的监听器。这个容器在 org.springframework.context.ApplicationContext 接口中定义。

ApplicationContext 包含 BeanFactory 所有的功能，一般情况下，相对于 BeanFactory，ApplicationContext 会被推荐使用。BeanFactory 仍然可以在轻量级应用中使用，比如移动设备或者基于 applet 的应用程序。

最常被使用的 ApplicationContext 接口实现主要包括以下几个。

❑ FileSystemXmlApplicationContext：该容器从 XML 文件中加载已被定义的 Bean。在这里，需要提供给构造器 XML 文件的完整路径。

❑ ClassPathXmlApplicationContext：该容器从 XML 文件中加载已被定义的 Bean。在这里，不需要提供 XML 文件的完整路径，只需正确配置 CLASSPATH 环境变量即可。因为容器会从 CLASSPATH 中搜索 Bean 配置文件。

❑ WebXmlApplicationContext：该容器会在一个 Web 应用程序的范围内加载在 XML 文件中已被定义的 Bean。

在例 5.32 中，采用的是 FileSystemXmlApplicationContext 类，其中，XML 文件的完整路径为 src/resources/daos.xml。

例 5.32 的运行结果如图 5.24 所示。

图 5.24 集成了 Spring IoC 的 Hibernate 应用程序的运行结果

习题 5

1. 简要说明基于 Hibernate 进行编程的基本思路。
2. 举例说明在 Hibernate 中如何配置访问数据库的配置文件。
3. 举例说明在 Hibernate 中实体如何配置映射文件。
4. 举例说明如何在 Hibernate 中配置一对一、一对多、多对多的实体间联系的 ORM。
5. 简要说明 Spring 框架 IoC 的基本含义。

第6章

XML 技术

  XML 是一种使用非常广泛的非关系型数据存储技术。自从 1998 年 W3C 推出 XML 1.0 规范以来，XML 在诸多领域都得到了广泛的应用。本章介绍了 XML 的特点及应用，对 XML 的语法、XML 的约束机制（包括 DTD、XML Schema 等）进行了说明，同时通过实例程序讲解了如何解析 XML 文档。

6.1　XML 概述

XML（Extensible Markup Language，可扩展标记语言）是标准通用标记语言（Standard Generalized Markup Language，SGML）的子集，是一种用于标记电子文件使其具有结构性的标记语言。

在计算机中，标记指计算机所能理解的信息符号，通过此种标记，计算机之间可以处理各种信息，比如文章等。它可以用来标记数据，定义数据类型，是一种允许用户对自己的标记语言进行定义的源语言。它非常适合万维网传输，提供统一的方法来描述和交换独立于应用程序或供应商的结构化数据，是 Internet 环境中跨平台的、依赖于内容的技术，也是当今处理分布式结构信息的有效工具。早在 1998 年，W3C 就发布了 XML 1.0 规范，使用它来简化 Internet 的文档信息传输。

1998 年 2 月，W3C 正式批准了可扩展标记语言的标准定义，XML 可以对文档和数据进行结构化处理，从而能够在部门、客户和供应商之间进行交换，实现动态内容生成，企业集成和应用开发。可扩展标记语言可以更准确地搜索，更方便地传送软件组件，更好地描述一些事物。它被设计用来传输和存储数据；HTML 被设计用来显示数据。它们都是标准通用标记语言（SGML）的子集。

XML 是一种很像 HTML 的标记语言。它的设计宗旨是传输数据，而不是显示数据。XML 的标签没有被预定义，需要自行定义标签。XML 被设计为具有自我描述性，是 W3C 的推荐标准。

XML 并不是 HTML 的替代，它是对 HTML 的补充。XML 和 HTML 为不同的目的而设计：XML 被设计用来传输和存储数据，其焦点是数据的内容。HTML 被设计用来显示数据，其焦点是数据的外观。HTML 旨在显示信息，XML 旨在传输信息。对 XML 最好的描述是：XML 是独立于软件和硬件的信息传输工具。XML 于 1998 年 2 月 10 日成为 W3C 的推荐标准。

XML 是各种应用程序之间进行数据传输的最常用的工具。与 MySQL、Oracle 和 Microsoft SQL Server 等数据库不同，数据库提供了更强有力的数据存储和分析能力，例如，数据索引、排序、查找、相关一致性等，XML 仅仅是存储数据。事实上，XML 与其他数据表现形式最大的不同是：它极其简单，这是一个看上去有点儿琐细的优点，但正是这一点使它与众不同。

XML 和超文本标记语言语法的区别是：超文本标记语言的标记不是所有的都需要成对出现；XML 则要求所有的标记必须成对出现。HTML 标记不区分大小写；XML 则大小敏感，即区分大小写。标准通用标记语言、超文本标记语言是它的先驱。

标准通用标记语言是国际上定义电子文件结构和内容描述的标准，是一种非常复杂的文档结构，主要用于大量高度结构化数据的保护和其他各种工业领域，利于分类和索引。标准通用标记语言定义的功能很强大，缺点是不适用于 Web 数据描述，而且标准通用标记语言的软件价格一般较昂贵。

HTML 的优点是比较适合 Web 页面的开发。缺点是标记相对少，只有固定的标记集如<p>、<strong>等，缺少标准通用标记语言的柔性和适应性。不能支持特定领域的标记语言，如对数学、化学、音乐等领域的表示支持较少。因此，开发者很难在网页上表示数学公式、化学分子式和乐谱。

XML 结合了 SGML 和 HTML 的优点并消除其缺点。XML 仍然被认为是一种 SGML，但比 SGML 要简单，并能实现 SGML 的大部分功能。

XML 的简单使其易于在任何应用程序中读写数据，这使 XML 很快成为数据交换的唯一公共语言（后续的 JSON 技术在数据交换中也得到了广泛的应用），虽然不同的应用软件也支持其他的数据交换格式，但不久之后它们都将支持 XML，那就意味着程序可以更容易地与 Windows、Mac OS、Linux 以及其他平台下产生的信息结合，然后可以很容易加载 XML 数据到程序中并分析它，并以 XML 格式输出结果。

XML 是一种元标记语言，即定义了用于定义其他特定领域有关语义的、结构化的标记语言，这些标记语言将文档分成许多部件并对这些部件加以标识。XML 文档定义方式有：文档类型定义（DTD）和 XML Schema。

DTD 定义了文档的整体结构以及文档的语法，应用广泛并有丰富的工具支持。XML Schema 用于定义管理信息等更强大、更丰富的特征。XML 能够更精确地声明内容，方便跨越多种平台的更有意义的搜索结果，提供了一种描述结构数据的格式，简化了网络中数据的交换和表示，使得代码、数据和表示分离，并作为数据交换的标准格式，因此它常被称为智能数据文档。

XML 技术已经广泛应用于各种应用系统的开发，大多数的商用平台都支持 XML 标准。一些主要的网络设备制造商，如 CISCO、JUNIPER 等，生产的网络设备也已提供了对 XML 的支持，以利于今后基于 XML 的网络管理。XML 的特点主要如下。

1. 兼容现有协议

XML 文档格式的管理信息可以很容易地通过 HTTP 传输，由于 HTTP 是建立在 TCP 之上的，故管理数据能够可靠传输。XML 还支持访问 XML 文档的标准 API，如 DOM、SAX、XSLT、XPath 等。

2. 统一的管理数据存取格式

XML 能够以灵活有效的方式定义管理信息的结构。以 XML 格式存储的数据不仅有良好的内在结构，而且由于它是 W3C 提出的国际标准，因而受到广大软件提供商的支持，易于进行数据交流和开发。现有网络管理标准如 TMN、SNMP 等的管理信息库规范决定了网管数据符合层次结构和面向对象原则，这使得以 XML 格式存储网管数据也非常自然，易于实现。

3. 不同应用系统间数据的共享和交互

只要定义一套描述各项管理数据和管理功能的 XML，用 Schema 对这套语言进行规定，并且共享这些数据的系统的 XML 文档遵从这些 Schema，那么管理数据和管理功能就可以在多个应用系统之间共享和交互。

4. 底层传输的数据更具可读性

网络中传输的底层数据因协议不同而编码规则不同，虽然最终传输时都是二进制位流，但是不同的应用协议需要提供不同的转换机制。这种情况导致管理站对采用不同协议发送管理信息的被管对象之间进行管理时很难实现兼容。如果协议在数据表示时都采用 XML 格式进行描述，这样网络之间传递的都是简单的字符流，可以通过相同的 XML 解析器进行解析，然后根据不同的 XML 标记，对数据的不同部分进行区分处理，使底层数据更具可读性。

5. 它和 JSON 都是一种数据交换格式

6.2 XML 语法

XML 文件是由标签及其所标记的内容构成的文本文件，与 HTML 文件不同的是，这些标签可自由定义，其目的是使 XML 文件能够很好地体现数据的结构和含义。但是，XML 文件必须符合一定的语法规则，只有符合这些语法规则，XML 文件才可以被 XML 解析器解析，以便利用其中的数据。

XML 文件分为格式良好的（well-formed）XML 文件和有效的（validated）XML 文件。符合 W3C 制定的基本语法规则的 XML 文件称为格式良好的 XML 文件，格式良好的 XML 文件如果再符合额外的一些约束就称为有效的 XML 文件。本节介绍格式良好的 XML 文件，6.3 节（DTD，Document Type Definition，文档类型定义）和 6.4 节（XML Schema）介绍有效的 XML 文件。

一个格式良好的 XML 文件必须满足 W3C 所指定的标准，例如，文件以"XML 声明"开始、文件有且仅有一个根标签，其他标签都必须包含在根标签中，文件的标签必须能够形成树状结构、非空标签必须由"开始标签"和"结束标签"组成等。一般认为，格式不良好的 XML 文件是没有实用价值的文件，甚至不能称为一个 XML 文件。本节讲述的内容都是 W3C 所指定的规范标准。

格式良好的 XML 文档在使用时可以不使用 DTD 或 XML Schema 来描述结构，也被称作独立的 XML 文档。这些数据不能够依靠外部的声明，属性值只能是没有经过特殊处理的值或默认值。

一个格式良好的 XML 文档包含一个或多个元素（用开始标签和结束标签分隔开），元素相互之间必须正确地嵌套。其中有一个元素，即文档元素，也称为根元素，包含文档中的其他所有元素。所有的元素构成一个简单的层次树，所以元素和元素之间唯一的直接关系就是父子关系。兄弟关系经常能够通过 XML 应用程序内部的数据结构推断出来，但这既不直接，也不可靠（因为元素和它的子元素之间可能会插入新的元素）。XML 文档的内容可以包括标签和字符数据。

XML 文档如果满足下列条件就是格式良好的文档。

- ❑ 结束标签匹配相应的开始标签（空标签除外）；
- ❑ 在元素嵌套定义时没有重叠（或交叉）；
- ❑ 对一个元素来说，没有多个相同名称的属性；
- ❑ 所有标签构成一个层次树；
- ❑ 只有一个根标签；
- ❑ 没有对外部实体的引用（除非提供了 DTD）。

任何 XML 解析器如果发现在 XML 数据中存在不是格式良好的结构，就必须向应用程序报告一个"致命错误"（fatal error）。致命错误不一定导致解析器终止操作；它可以继续处理，试图找出其他错误，但不再会以正常的方式向应用程序传递数据和 XML 结构。对于 HTML/SGML 来说，它们的工具都要比 XML 宽容许多。HTML 浏览器通常会显示出绝大多数支离破碎的 Web 页面，这为 HTML 的快速流行做出了巨大贡献。然而，真正的显示结果会因浏览器而异。同样，SGML 工具即使遇到错误，通常也会尽力继续处理文档而不是报告错误信息。

格式良好的文档使得可以使用 XML 数据而不必承担构建和引用外部描述的重任。术语"格式良好的"与数学逻辑有着相似之处，一个命题如果满足语法规则就是格式良好的，而与命题是真是假无关。

XML 有很多用途，它最基本的用途是表示结构化数据。那么，如何用 XML 来表示各种各样的数据呢？下面来分析一个简单的 XML 文档，参见例 6.1。

[例 6.1]　Books.xml

```xml
<?xml version = "1.0" encoding = "UTF-8" standalone = "yes" ?>
<?xml-stylesheet type = "text/css" href = "books.css" ?>
<!-- 这是一个关于书籍信息的文档 -->
<books>
    <book>
        <title>Java 面向对象程序设计</title>
        <authors>
            <author>孙连英</author>
            <author>刘畅</author>
            <author>彭涛</author>
        </authors>
        <isbn>9787302489078</isbn>
        <press>清华大学出版社</press>
        <price>45.00</price>
    </book>
    <book>
        <title>XML 技术与应用</title >
        <authors>
            <author>彭涛</author>
            <author>孙连英</author>
        </authors>
        <isbn>9787302284666</isbn>
        <press>清华大学出版社</press>
        <price>29.50</price>
    </book>
</books>
<!-- 存储了一些书籍的信息 -->
```

例 6.1 中的 XML 文档虽然简单，却是一个结构完整的 XML 文档。一般地，一个

XML 文档主要由以下三个部分组成。

（1）XML 序言（prologue），从 XML 声明到文档元素开始前的部分。对例 6.1 来说，包括：

```
<?xml version = "1.0" encoding = "UTF-8" standalone = "yes" ?>
<?xml-stylesheet type = "text/css" href = "books.css" ?>
```

（2）文档主体（body），就是文档根元素所包含的内容。文档的主体由一个或多个元素组成，是文档的核心及内容所在的地方，XML 文档中所有可以被应用程序使用的信息都存放于此。所有的 XML 文档都必须至少包含一个根元素。

（3）尾声（epilogue），就是文档根元素后面的部分，尾声的内容可以包括注释、处理指令和/或紧跟在元素后的空白。对例 6.1 来说，包括：

```
<!--  存储了一些书籍的信息  -->
```

因此，一个 XML 文档最基本的语法要素包括：XML 声明（XMI，文档声明）、处理指令、注释和 XML 元素。可以看出，与 HTML 一样，XML 也是一个基于文本的标记语言，用标签（一对尖括号）来表示数据。不同的是，XML 的标签说明了数据的含义，而不是如何显示它。XML 文档的主体内容由一个根元素构成，在例 6.1 中这个根元素的名称是"books"，它由开始标签"<books>"和结束标签"</books>"组成，开始标签与结束标签之间就是这个元素的内容。由于各个元素内容被各自的标签所包含，在 XML 中各种数据的分类查找和处理变得非常容易。

6.2.1 XML 声明

XML 文档是以序言开头的，用于表示 XML 数据的开始。它描述了数据的字符编码，并为 XML 解析器和应用程序提供一些其他的配置信息。

XML 序言的组成包括：一个 XML 声明，其后可能紧跟着几个注释、处理指令和（或）空白字符；接着是一个可选的文档类型声明，其后也可能再跟着几个注释、处理指令和（或）空白字符。由于这些内容都是可选的，就意味着序言可以被省略，而整个 XML 文档仍然是格式良好的。

所有的 XML 文档都应该以一个 XML 声明（XML Declaration）开始。文档声明在大多数 XML 文档中不是必需的，但它有助于清晰地把数据标识为 XML，并且当处理文档时允许进行一些优化。如果 XML 数据使用的编码不是 UTF-8 或者 UTF-16，那么必须使用带有正确编码的 XML 声明。如果 XML 文档包括 XML 声明，那么字符串常量"<?xml"必须是文档最前面的 6 个字符，XML 声明之前不允许存在空白（例如，空格、Tab 制表符或者空行）或者嵌入注释。

虽然 XML 声明看上去确实与处理指令（Processing Instruction，PI）类似，但从严格意义上来说它不是一条处理指令，它是由 XML 1.0 推荐标准定义的唯一的声明。不过，XML 声明了使用类似处理指令的分隔符（<?、?>）和类似元素的属性的语法，这些与在元素标记中使用属性的语法非常相似（单引号或双引号用于定界字符串值）。

XML 1.0 规范中已经定义了以下三个参数。

❑ Version：这是必需的。它的值当前必须为 1.0（目前还没其他版本被定义）。该参数用来保证对 XML 未来版本的支持。

❑ Encoding：可选。它的值必须是一种合法的字符编码，例如，UTF-8、UTF-16 或者 ISO-8859-1（即 Latin-1 字符编码）。如果没有包含这个参数，就假设是 UTF-8 或 UTF-16 编码。在例 6.1 的 XML 文档中由于存在中文注释，因此其编码集使用了 UTF-8。

❑ Standalone：可选。值必须是 yes 或 no；如果是 yes 就意味着所有必需的实体声明都包含在文档中，如果是 no 就意味着需要外部的 DTD 或 XML Schema。

尽管以上的键-值对看起来与 XML 属性非常类似，但是相比之下有很多关键的不同。与 XML 属性（它能以任何顺序排列）不一样，上述这三个参数必须按上面的顺序依次出现。另一方面，也是与大多数 XML 属性不同，encoding 值是不区分大小写的。这种不一致主要是因为 XML 对现有 ISO 和 IANA 标准关于字符编码命名的依赖。XML 早期的草案并没有要求名称大小写敏感，所以许多早期的 XML 实现者（包括 Microsoft 在内），用的是声明的大写版本 "<?XML … ?>"。但是，最终的 W3C 推荐标准提出了大小写敏感的要求，并将 "xml" 规定为小写。这样一来，某些所谓的 XML 文档就不再是格式良好的 XML 1.0 文档了。

6.2.2 处理指令

处理指令（PI）是 XML 文档中用来给处理它的应用程序传递信息的元素。XML 解析器会把它原封不动地传给 XML 应用程序，由应用程序来解释这个指令，并按照它所提供的信息进行处理，或者再把它原封不动地传给下一个应用程序。

处理指令的一般格式是：

```
<?处理指令名 处理指令信息 ?>
```

其中，处理指令名是必需的，而且必须是有效的 XML 名称。它可以是应用程序的实际名字，或者是在 DTD 中指向应用程序的记号名，也可以是能被应用程序识别的其他名字。由于 XML 声明的处理指令名是 "xml"，不管是由大写字母还是由小写字母组成的都被保留，因此其他处理指令名不能再使用 "xml"。处理指令信息部分是被传送到应用程序的信息，它可以由任何连续的字符组成，但不能包含字符串 "?>"。

一种常见的处理指令是样式单处理指令，用来告诉 XML 文档的处理程序（例如，浏览器），将一个样式单和 XML 数据关联起来，而且可以在指定的地方找到样式单。在例 6.1 中包含一个样式单指令：

```
<?xml-stylesheet type = "text/css" href = "books.css" ?>
```

当使用浏览器（例如 Chrome 等）打开该存储了书籍信息的 XML 文档时，浏览器将根据样式单处理指令指定的位置处（此处是当前目录）寻找样式单 "books.css"，并根据样式单显示 XML 文档中的书籍信息。

处理指令不是 XML 文档的通用结构部分，是为特定的应用程序提供额外信息的，而不是为所有读取 XML 文档的应用程序提供信息的。处理指令的内容由应用程序和文档的作者根据处理的需要来确定，可以插入到 XML 文档中除了元素的开始标签和结束标签之外的任何地方——在文档的序言中、在文档元素的后面、元素的内容中均可。应用程序在读取文档时，当遇到能够识别的处理指令时，会进行相应的处理，当遇到不能识别的处理指令时，将简单地跳过这些处理指令。

处理指令具有广泛的用途，应用程序和文档的作者可以根据处理的需要，设计各种各样的处理指令。

6.2.3 注释

许多编程语言中都可以使用注释。就像在程序中引入注释一样，人们希望在 XML 文档中加入一些用作解释的字符数据，并且希望 XML 处理器不对它们进行任何处理。这种类型的文本称为注释文本，XML 标准规定：对于这一类文本，XML 处理程序可以忽略，也可以读取注释的正文传递给应用程序作为参考。但无论采用哪种方式，它至多只提供参考，永远不是真正的 XML 数据。注释用于对语句进行某些提示或说明，带有适当注释语句的 XML 文档不仅使其他人容易读懂，易于交流，更重要的是，可以使用户自己将来对此文档方便地进行修改。

注释的语法形式如下。

```
<!--    注释文本    -->
```

可以看出，它和 HTML 中的注释语法是相同的，非常简单，容易使用。注释可以出现在标签之外和 XML 声明之后的任何地方。

在 XML 文档中使用注释时，要注意以下几点。

（1）注释不能出现在 XML 声明之前，因为 XML 声明必须是文档的第一行。

（2）在注释文本中不能出现字符 "-" 或字符串 "--"，以免 XML 处理器把它们和注释的结束标志 "-->" 相混淆。除此之外，注释可以包含任何内容。更重要的是，注释内的任何标签都会被忽略。如果想去除 XML 文档的一部分，只需要把这部分注释即可；如果要恢复被注释掉的部分，则只需去掉注释标记即可。

（3）不能把注释文本放在开始标签和结束标签之中，否则，XML 文档就违反了格式良好的 XML 文档关于标签的规定。此时如果用浏览器打开，则浏览器会报错。

（4）注释不能嵌套，即注释文本中不能再包含另一个注释。

大多数浏览器都以灰色字体来显示 XML 文档中的注释。

6.2.4 元素

元素（在 XML 文档中体现为标签）是 XML 标记的基本组成部分，可以看作容器。元素可以有关联的属性和（或）包含其他的元素、字符数据、字符引用、实体引用、处理指令（PI）、注释和（或）CDATA 部分。不用担心这些术语都是什么意思，接下来会进行解释。事实上，大多数 XML 数据（除了注释、PI 和空白）都必须被包含在元素中。元素是 XML 内容的基本容器，可以包含字符数据、其他元素以及（或）其他标记（注释、PI、实体引用等）。由于元素代表的是一些离散的对象，因此可以把它们看作 XML 中的名词。

元素是 XML 文档内容的基本单元，元素使用标签（Tag）进行分隔。格式良好的 XML 文档的主体部分必须包含在一个单一的元素中，这个单一的元素称为文档元素或根元素，所有其他元素都必须被包含在文档元素中。例如，例 6.1 中的文档根元素为 books，其他元素如 book、title、press 等都包含在元素 books 中。

元素使用开始标签和结束标签进行界定。如果元素没有内容，则称为空元素，它既可以使用开始标签/结束标签对来表示，也可以使用简便形式：空元素标签。与 HTML 和 SGML 的松散语法不一样，元素的结束标签不能被省略，除非是空元素标签。每种标签均由封闭在一对尖括号（<>）中的元素类型名（这必须是一个有效的 XML 命名）组成。

一个元素开始的定界符被称为开始标签。开始标签由封闭在一对尖括号里的元素类型名和一些属性（属性将在后续部分讨论）组成。可以把开始标签看作"打开"了一个容器，该容器接着将由结束标签关闭。结束标签由正斜杠"/"紧随元素的名称组成，它也是封闭在一对尖括号中。结束标签的名称必须与相应开始标签中的元素名称匹配。在元素的开始标签和结束标签之间的任何内容被包含在该元素中。在开始标签中的"<"与元素类型名称之间，不允许存在空格。

XML 对于标签的语法有着严格的规定，具体如下。

（1）标签必不可少。格式良好的 XML 文档必须且只能有一个顶层元素（称为文档元素或根元素）。所有其他元素必须被包含在顶层元素中。因此，标签在 XML 文档中是必不可少的。

（2）标签名称中含有英文字母时，大小写有所区分，即标签中大小写是敏感的。在 HTML 中，标签<H>和<h>是相同的，但是在 XML 中，它们是两个截然不同的标签。

（3）要有正确的结束标签。结束标签除了要和开始标签在拼写和大小写形式上完全相同外，还必须在标签名称前面加上一个斜杠"/"。因此，如果开始标签为"<title>"，那么结束标签应该为"</title>"。

（4）XML 严格要求标签配对。但为了简便起见，当一对标签之间没有任何文本内容时，可以不写结束标签，而在开始标签的最后加上表示结束的斜杠"/"，这样的标签称为空标签。空标签一般都有属性，有属性的空标签表示如下。

```
<标签名 [属性名 1 = "属性值 1"  [属性名 2 = "属性值 1"2]  />
```

例如：<price currency = "RMB">

（5）标签命名要合法。标签名由用户给定，但是应该符合如下 XML 的命名规则。

❑ 在使用默认编码的情况下，标签名可以由字母或下画线开头，后面跟着零到多个的字母、数字、句点"."、冒号":"、下画线或者连字符"-"。在指定了编码的情况下，则标签名称除了上述字符外，还可以出现该字符集中的合法字符。

❑ 不能以数字开头。

❑ 不能以字符串"xml"（任何大小写形式）开头。

- 不能包含空格。
- 不能包含斜杠"/"。
- 最好不以冒号开头，尽管这是合法的，但可能会带来混淆。

空元素没有内容，但它可以有一些相关联的属性。可以只加入开始标签和结束标签对，而不在其中包含任何内容，例如：

```
<logo></logo>
```

当然，如果只是想指定一个点，而不是提供一个容器，那么使用简写形式可能会更好，它能节省些空间。这可以用<logo />元素来指出，而不需任何内容。所以，XML 指定空元素可以用简写形式表示，它是开始标签和结束标签的混合体。它既短小精悍，而且还能明确指出该元素不会有任何内容。空元素标签由一个元素类型名称紧跟一个正斜杠组成，并封闭在一对尖括号中。注意：在"/"和">"之间不能有任何空白，在开始标签中的"<"与标签名称之间也不能有任何空白。

请注意：与 HTML 相比，HTML 中不封闭的标记（如
、<p>、<img>等）是 HTML 继承了 SGML 的规定，它们与空元素标签不同（虽然它们可能被转换成空元素标签），也不允许在 XML 中使用。

空元素标签的另一个常见应用包括一个或多个属性。这与 XML 数据中点的想法类似。例如，可以使用以下空元素在文本数据中插入图像。

```
<logo source = "companyLogo.gif" />
```

元素内容可以包括下列几种类型。

1. 字符数据

可以是任何合法的 Unicode 字符，不仅包含来自英语和其他西欧字母表中的常见字母与符号，也包含来自古斯拉夫语、希腊语、希伯来语、阿拉伯语、汉语和日语的象形汉字和韩国 Hangul 音节表等，但不能包含被预留作特殊用途的字符，如"<"，因为该字符被预留用作标签的开始符号。

为了避免把字符数据和标签中需要用到的一些特殊符号相混淆，XML 还提供了一些有用的预定义实体（实体及其引用将在 6.3 节中讲解），可以不必提前说明而引用这些实体来代替特殊符号。表 6.1 列出了 5 个 XML 已经预定义的字符实体。

表 6.1　5 个 XML 预定义的字符实体

特殊字符	实体名	实体引用
>	gt	&gt;
<	lt	&lt;
&	amp	&amp;
"（双引号）	quot	&quot;
'（单引号）	apos	&apos;

另外，有些字符无法从键盘输入到 XML 文档中，例如希腊字母，此时可以使用字

符引用来解决这一困难。XML 支持字符引用，例如 "α" 会被解析器替换成希腊字母 "α"。所谓字符引用，就是使用字符的 Unicode 代码点（字符在 Unicode 字符集中的顺序位置）来引用该字符。以 "&#" 开始的字符引用，使用代码点的十进制；以 "&#x" 开始的字符引用，使用代码点的十六进制。对于 Microsoft Windows 操作系统，可以使用字符映射表来获取字符的代码点（附件→系统工具→字符映射表）。

2. CDATA 段

包含除字符串 "<![CDATA[" 和 "]]>" 之外的任意字符的文本块。

3. 处理指令

在 XML 文档中，处理指令是用来给处理 XML 文档的应用程序提供的处理相关信息。XML 解析器可能对它不感兴趣，只是把这些信息原封不动地传给 XML 应用程序，由应用程序来解释这个指令，按照它所提供的信息进行处理，或者再把它原封不动地传递给下一个应用程序。

4. 注释

注释是对 XML 文档内容的补充说明，人们可以读到它，但是 XML 解析器会忽略它。

前面已介绍，各种元素描述了 XML 文档的逻辑结构。对于一个稍微复杂的文档来说，一些并列的元素是无法准确描述其结构的。因此，元素所包含的内容要求不仅是文档的原始数据，而且要包含其他的元素，如例 6.1 所示。

元素中包含其他元素，这就构成了元素的嵌套。几乎所有的 XML 文档都是由嵌套的元素构成（除非整个文档只有一个元素）。XML 规定，无论文档中有多少元素，也不管这些元素是如何排列、嵌套的，最后所有的元素都必须被包含在一个称为 "根元素" 的元素中。在例 6.1 的 XML 文档中，所有的元素都包含在 "books" 元素中，这就构成了 XML 文档元素的树状结构。XML 对于元素的嵌套，有如下规则。

（1）所有 XML 文档都从一个根节点开始，该根节点代表文档本身，根节点包含一个根元素。

（2）文档中所有其他元素都被包含（直接或间接）在根元素中。

（3）包含在根元素中的元素称为根元素的子元素，如果有多个子元素，则这些子元素互为兄弟，而根元素则为父元素。

（4）子元素还可以包含子元素，因此，父元素和子元素都是相对而言的。如例 6.1 中的 "book" 元素，对 "books" 元素而言，它是子元素，但它又是 "title" "price" "authors" "isbn" 等元素的父元素。

（5）包含子元素的元素称为分支，没有子元素的元素称为树叶。

6.2.5 属性

属性是元素的可选组成部分，用户可以自己定义，作用是对元素及其内容的附加信息进行描述，由使用等号 "=" 分隔开的名称-值的对（即：键值对）构成。在 XML 中，所有属性的值都必须用引号引起来。单引号、双引号均可，但开始和结束所使用的引号必须相同。如果属性的值含有单引号或双引号，则可以使用表 6.1 中所表示的字符实体引用。含有属性的标签其形式如下所示：

```
<标签名称 [属性名 1 = "属性值 1" [属性名 2 = "属性值 2" …]]>内容</标签名称>
```

例如，如果在图书信息中想表示价格的货币类型信息，可采用如下形式。

```
<price currency = "RMB">45.00</price>
```

那么，什么时候使用属性呢？即什么样的信息是元素或内容的"附加性"信息呢？对于这个问题没有明确的规定，一般来讲，具有下述特征的信息可以考虑使用属性进行表示。

（1）与文档读者无关的简单信息。

所谓"简单"，是指没有子结构。例如，<Rectangle width = "100" height = "80" />中的"Rectangle"元素，其目的是向读者展示一个矩形，但矩形的大小与读者无关，而且其"宽"与"高"也没有子结构，在这种情况下，就可以将矩形的长、宽等信息作为元素的属性。

（2）与文档有关而但与文档的内容无关的简单信息。

其实，有些信息既可以用元素表示，又可以用属性来表示。

使用元素来存储书籍信息的 XML 文档参见例 6.2，使用属性来存储相同信息的 XML 文档参见例 6.3。

[例 6.2] book.xml

```
<?xml version = "1.0" encoding = "UTF-8" standalone = "yes" ?>
<book>
    <title>Java 面向对象程序设计</title >
    <authors>
        <author>孙连英</author>
        <author>刘畅</author>
        <author>彭涛</author>
    </authors>
    <isbn>9787302489078</isbn>
    <press>清华大学出版社</press>
    <price>45.00</price>
</book>
```

[例 6.3] book_attributes.xml

```
<?xml version = "1.0" encoding = "UTF-8" standalone = "yes" ?>
<book title = "Java 面向对象程序设计" authors = "孙连英,刘畅,彭涛"
    isbn = "9787302489078" press = "清华大学出版社"
    price = "45.00">
</book>
```

原来作为元素的 title、authors、isbn、press、price 等信息变成了元素的属性，这样做完全符合 XML 的语法规范。但是对于使用浏览器阅读 XML 文档的读者来说，两种表示方法具有不同的显示结果，分别如图 6.1 和图 6.2 所示。

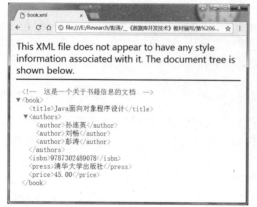

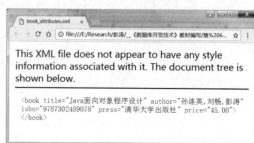

图 6.1　使用元素存储信息的显示结果　　　　图 6.2　使用属性存储信息的显示结果

那么，在使用元素也行、使用属性也行的情况下，到底使用哪一种方式更好、更准确呢？对于这个问题，XML 规则没有提供明确的答案，具体使用哪种方式完全取决于文档编写者的经验。下面所介绍的只是基于经验的一般性总结，而不是规则。

（1）在将已有文档处理为 XML 文档时，文档的原始内容应全部表示为元素，而编写者增加的一些附加信息，如对文档某一点内容的说明、注释、文档的某些背景材料等信息可以表示为属性，当然，前提是这些信息非常简单。

（2）在创建和编写 XML 文档时，希望读者看到的内容应表示为元素，反之表示为属性。在 XML 文档中加入样式单以后，属性一般不会在浏览器中显示出来。

（3）实在没有明确理由表示为元素或属性的，就表示为元素。因为元素比属性具有更大的灵活性，而使用属性存在如下的问题。

- 属性不能包含多个值（元素可以）；
- 属性不容易扩展；
- 属性不能够描述结构（元素可以）。

属性名称的命名规则与标签的命名规则类似。

（1）英文名称必须以英文字母或者下画线开头，中文名称则必须以中文文字或者下画线开头。

（2）在使用默认编码集的情况下，属性名称可以由英文字母、数字、下画线、句点"."、连字符"-"等构成。在指定了编码集的情况下，属性名称除了上述字符外，还可以出现该字符集中的合法字符。

（3）名称中不能含有空格。

（4）名称中含有英文字母时，严格区分大小写形式。

（5）同一个元素不能有多个名称相同的属性，如下面的实例是不合法的。

```
<price currency = "RMB" currency = "USD">45.00</price>
```

与属性名称不同，XML 对属性值的内容没有很严格的限制。它是包含在引号内的一

数据库开发技术标准教程

串字符，只要遵守下面的规则，用户就可以为属性指定任何的值。

（1）使用单引号（'）或双引号（"）来分隔字符串。

（2）字符串不能包含用来括起字符串的引号，如果属性值包含单引号或双引号，则需使用另一种引号来括起该值，或使用字符实体引用。

（3）字符串不能包括"<"字符。XML 解析器会把这个字符与 XML 标签的开始符号相混淆。

（4）除了在实体引用的起始位置之外，字符串不能包含"&"字符。

当然，在使用属性之前首先要定义属性，这一部分的内容在后续内容中进行说明。另外，在编写处理 XML 文档的程序时，要注意 XML 元素的属性值都是字符串，对于这样的属性值，如果需要在程序中当作数值类型使用，则必须首先进行字符串数据类型到相应数值数据类型的转换。

6.2.6 命名空间

XML 允许自定义标签，那么不同 XML 文件以及同一 XML 文件内部可能出现名称相同的标签。如果要区分这些标签，就需要使用命名空间。命名空间的目的是有效地区分名称相同的标签，当多个标签的名称相同时，可以通过不同的命名空间来区分。

介绍命名空间之前，例 6.4 是一个简单的 XML 文件。

[例 6.4] Notes.xml

```xml
<?xml version = "1.0" encoding = "UTF-8" standalone = "yes" ?>
<notes>
    <book>
        <title>Java 面向对象程序设计</title >
        <authors>
            <author>孙连英</author>
            <author>刘畅</author>
            <author>彭涛</author>
        </authors>
        <isbn>9787302489078</isbn>
        <press>清华大学出版社</press>
        <price>45.00</price>
    </book>
    <book>
        <hotel>北京盘古七星大酒店</hotel>
        <address>北京市朝阳区北四环中路 27 号</address>
        <telephone>010-59067777</telephone>
        <date>2017-12-24</date>
    </book>
</notes>
```

例 6.4 中的 XML 文件用于存储个人的日常记录信息，第一个 book 元素表示最近要学习的书的信息，第二个 book 元素表示旅行中酒店预订的信息。XML 解析器在解析该

XML 文件中的数据时，如果使用代码：

```
NodeList nodeList = element.getElementsByTagName("book");
```

那么返回值 nodeList 中将含有两个 Node 对象。如果只想解析出其中一个元素中的数据，就必须在 XML 文件中使用命名空间。

命名空间通过声明命名空间来建立，有以下两种方式。

（1）有前缀的命名空间。

声明有前缀的命名空间，其语法如下。

```
<标签名称 xmlns:前缀 = "命名空间的名称" >
```

例如：

```
<book xmlns:reading = "http://www.buu.edu.cn/reading" >
```

（2）无前缀的命名空间。

声明无前缀的命名空间，其语法如下。

```
<标签名称 xmlns = "命名空间的名称" >
```

例如：

```
<book xmlns = "http://www.buu.edu.cn/travel" >
```

需要注意的是，在声明命名空间时，"xmlns" 与冒号 ":"、冒号 ":" 与命名空间的前缀之间都不能有空白存在。

当且仅当它们的名称相同时，两个命名空间相同。也就是说，对于有前缀的命名空间，如果两个命名空间的名称不相同，即使它们的前缀相同，也是不同的命名空间；如果两个命名空间的名称相同，即使它们的前缀不相同，也是相同的命名空间。命名空间的前缀仅仅是为了方便地引用命名空间而已。下列声明分别声明了三个不同的命名空间。

```
<book xmlns:reading = "http://www.buu.edu.cn/reading">
<book xmlns:Reading = "http://www.buu.edu.cn/Reading">
<book xmlns:travel  = "http://www.buu.edu.cn/travel">
```

注意：http://www.buu.edu.cn/reading 和 http://www.buu.edu.cn/Reading 是不同的命名空间名称，因为 XML 区分大小写。

命名空间的声明必须在元素的"开始标签"中，而且命名空间的声明必须放在开始标签中标签名字的后面，例如：

```
<book xmlns:travel = "http://www.buu.edu.cn/travel" >
```

一个标签如果使用了命名空间声明，那么该命名空间的作用域是该标签及其所有的子孙标签。如果一个标签中声明的是有前缀的命名空间，那么该标签及其子孙标签如果准备隶属该命名空间，则必须通过命名空间的前缀引用这个命名空间，使得该标签隶属于这个命名空间。一个标签通过在它的开始标签和结束标签的标签名字前添加命名空间的前缀和冒号命名空间（前缀、冒号和标签名字之间不要有空格），表明此标签隶属该命名空间。因此，在例 6.4 的基础上增加命名空间的声明和使用，参见例 6.5。

[例 6.5] NotesNS.xml (NS 代表命名空间 namespace)

```
<?xml version = "1.0" encoding = "UTF-8" standalone = "yes" ?>
<notes>
    <reading:book xmlns:reading =
                        "http://www.buu.edu.cn/reading">
        <reading:title>Java 面向对象程序设计</reading:title>
        <reading:authors>
            <reading:author>孙连英</reading:author>
            <reading:author>刘畅</reading:author>
            <reading:author>彭涛</reading:author>
        </reading:authors>
        <reading:isbn>9787302489078</reading:isbn>
        <reading:press>清华大学出版社</reading:press>
        <reading:price>45.00</reading:price>
    </reading:book>
    <travel:book xmlns:travel = "http://www.buu.edu.cn/travel">
        <travel:hotel>北京盘古七星大酒店</travel:hotel>
        <travel:address>北京市朝阳区北四环中路 27 号
                </travel:address>
        <travel:telephone>010-59067777</travel:telephone>
        <travel:date>2017-12-24</travel:date>
    </travel:book>
</notes>
```

该文档使用浏览器显示的结果如图 6.3 所示。

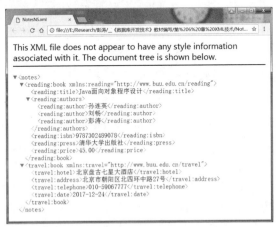

图 6.3 使用命名空间的 XML 文档的显示结果

如果一个标签中声明的是无前缀的命名空间，那么该标签及其子标签都默认地隶属于这个命名空间。

下面的 XML 文件中，所有的标签都隶属于同一个名称为"http://www. buu.edu.cn/reading"的命名空间。

```
<book xmlns = "http://www.buu.edu.cn/reading">
    <title>Java 面向对象程序设计</title>
    <authors>
        <author>孙连英</author>
        <author>刘畅</author>
        <author>彭涛</author>
    </authors>
    <isbn>9787302489078</isbn>
    <press>清华大学出版社</press>
    <price>45.00</price>
</book>
```

尽管子标签可以通过命名空间的前缀来引用父标签声明的有前缀的命名空间，但是子标签也可以在其开始标签处重新声明自己的命名空间。因此，子标签和父标签可以属于不同的命名空间。这给某些要求非常灵活的 XML 应用领域带来了很大的便利。另外，即使父标签声明的是无前缀的命名空间，子标签仍然可以重新声明命名空间。

命名空间的目的是有效地区分名称相同的标签，那么命名空间本身的名称就成为一个值得关注的问题。W3C 推荐使用统一资源标识符（Uniform Resource Identifier，URI）作为命名空间的名称。URI 是有一定的语法、用来标识资源的一个字符串。一个 URI 可以是一个 E-mail 地址、一个文件的绝对路径、一个 Internet 主机的域名等，例如：

```
"SmartSearch@163.com"
"D:\\XML_Book\\Codes\\Chapter02\\books.xml"
www.buu.edu.cn
```

需要注意的是，在 XML 中，一个 URI 不必是有效的。XML 使用 URI 仅仅是为了区分命名空间的名称而已。在实践中，大多数 URI 实际上就采用统一资源定位符（Uniform Resource Locator，URL），例如：

```
xmlns = "www.buu.edu.cn"
xmlns:buu = http://www.buu.edu.cn
```

如果在浏览器的地址栏中输入 www.buu.edu.cn 或者 http://www.buu.edu.cn，访问的是同一个 Web 站点。但是在 XML 中，上述两个是完全不同的命名空间，因为二者是不同的字符串。另外，如果在浏览器中输入 http://www.buu.edu.cn/hello.html，可能会得到"404 File not found"的错误提示。但是对于 XML，它可以作为命名空间的名称。因为在 XML 中，一个 URI 不必是有效的，也就是说，它不必指向一个真实存在的资源。

在编写 XML 文档时，往往使用本公司、机构注册的域名作为命名空间的名称的一部分。例如，在 Microsoft Word（2003 及更高版本）中可以把 doc 文件另存为 XML 文件，其文档根元素的开始标签如下。

```
<w:wordDocument
```

```
xmlns:w="http://schemas.microsoft.com/office/word/2003/wordml"
xmlns:v="urn:schemas-microsoft-com:vml"
xmlns:w10="urn:schemas-microsoft-com:office:word"
xmlns:sl="http://schemas.microsoft.com/schemaLibrary/2003/core"
xmlns:aml="http://schemas.microsoft.com/aml/2001/core"
xmlns:wx="http://schemas.microsoft.com/office/word/2003/auxHint"
xmlns:o="urn:schemas-microsoft-com:office:office"
xmlns:dt="uuid:C2F41010-65B3-11d1-A29F-00AA00C14882"...>
```

该 XML 文档中大多数的标签属于前缀为"w"、名称为"http://schemas.microsoft.com/office/word/2003/wordml"的命名空间，该命名空间的名称即使用了 Microsoft 公司的域名。

6.3 DTD

从前两节可以看出，XML 的规则非常简单。在创建 XML 文档时，可以根据文档包含的元素和属性把文档进行分组，同一组文档具有相似的文档类型。在 XML 文档中，组成一个文档类型的元素和属性称为文档的词汇。6.2 节还讲述了如何使用命名空间在一个 XML 文档里使用多个词汇。本节将介绍如何定义自己的文档类型，以及如何检查某个文档是否符合词汇的语法规则。

假设需要开发一个应用程序，需要处理的图书 XML 文档如例 6.2 所示。在这个示例中，已创建了一个简单的 XML 文档，这个 XML 文档的根元素为 book，该元素中又有 title、authors、isbn、press、price 等子元素。现在有存储了图书信息的一个 XML 文档，那么如何验证这个 XML 文档的有效性呢？一种方案是在应用程序中编写一些代码检查元素的正确性和顺序的正确性。但是如果需要修改文档类型，那怎么办呢？这就不得不修改应用程序，而且可能需要修改很多地方。

在标记语言中，根据文档内容的规则来验证文档的有效性是非常普遍的。事实上，它是如此普遍，以至于 XML 的设计者在 XML 推荐标准里增加了一个验证文档的方法。一个 XML 文档有效是指 XML 文档内容符合元素、属性和其他文档内容的定义。利用专用的文档类型定义（Document Type Definitions，DTD）和专用的解析器，可以验证一个 XML 文档的有效性。XML 推荐标准把解析器分为两类：有验证功能的解析器和无验证功能的解析器。根据 XML 的推荐标准，前者必须利用 DTD 实现有效性验证。有了具有验证功能的解析器，就可以删除应用程序中用于 XML 内容的验证代码，让解析器根据 DTD 来验证 XML 文档的有效性。

6.3.1 第一个 DTD

下面在例 6.2 的 XML 文档中添加 DTD 定义，如例 6.6 所示。

[例 6.6] book2.xml

```
<?xml version = "1.0" encoding = "UTF-8" ?>
<!DOCTYPE book [
```

```
        <!ELEMENT book (title, authors, isbn, press, price)>
        <!ELEMENT title (#PCDATA) >
        <!ELEMENT authors (author+) >
        <!ELEMENT isbn (#PCDATA) >
        <!ELEMENT press (#PCDATA) >
        <!ELEMENT price (#PCDATA) >
        <!ELEMENT author (#PCDATA) >
    ]>
    <book>
        <title>Java 面向对象程序设计</title >
        <authors>
            <author>孙连英</author>
            <author>刘畅</author>
            <author>彭涛</author>
        </authors>
        <isbn>9787302489078</isbn>
        <press>清华大学出版社</press>
        <price>45.00</price>
    </book>
```

下面对这个包含 DTD 的 XML 文件进行分析，第 1 行为：

```
<?xml version="1.0"?>
```

正如前面已经看到的，所有的 XML 文档开头都有这一行内容。此外，这一行内容是可选的，但是强烈建议在文档的开头插入这一行内容，目的是避免将来发生版本冲突。

紧跟在 XML 版本声明语句后面的是文档类型声明，常用 DOCTYPE 表示。

```
<!DOCTYPE book [
```

它告诉解析器，当前的 XML 文档需要与一个 DTD 文件一起使用。在 XML 文档使用 DTD 文件时，DOCTYPE 必须放在文档的开头（只允许 XML 版本声明语句在它的前面），不能放在文档的其他位置。

DOCTYPE 声明语句的第一个字符必须是一个 "!" 符号。XML 推荐标准规定，声明元素必须以 "!" 开头。声明元素是 DTD 的一部分，不允许出现在 XML 的主体内容里。

至此，可以看出，DTD 的规则与 XML 文档的规则差别很大。DTD 最初用在标准通用标记语言（SGML）中。为了维护与 SGML 的兼容性，XML 的设计者决定继续使用这种 SGML 声明语言。事实上，XML 中的 DTD 语法比 SGML 中的 DTD 简单。因此为了构建 DTD 语句，必须在 XML 文档的规则之外学习新的语法规则。

例 6.6 中，建立了相对比较简单的 DOCTYPE 声明语句，紧跟在 DOCTYPE 语句后面的是 DTD 定义的主体，在 DTD 主体中可以声明元素、属性、实体和注释。

这里声明了几个元素，它们组成了<book>文档的词汇。与 DOCTYPE 声明一样，元素声明的第一个字符也必须是感叹号（"!"）。最后是 DTD 声明的结束符（"]>"），它用一个右方括号和大于号表示，这样就结束了 DTD 文档类型的定义，紧接其后的是 XML 文档。

现在已看到了 DTD 语句和验证解析器的作用。即使是一个很小的 XML 文档，验证有效性的过程也需要相当的时间。因此在很多情形中，可能不需要使用 DTD。例如，当 XML 文档是由自己的公司设计的，或者机器生成的（即不是手工输入的），则它们的正确性相对有保障，基本上都会遵循已建立的词汇的规则。这种情况下，就没有必要进行文档的有效性验证。事实上，验证过程会严重影响整个程序的运行性能。

6.3.2 DTD 的语法

文档类型声明（DOCTYPE）告诉解析器，XML 文档必须遵循 DTD 定义。同时也告诉解析器，到哪里找文档定义的其他内容。在例 6.6 中，DOCTYPE 语句很简单：

```
(!DOCTYPE book  [])
```

文档类型声明总是以<!DOCTYPE 开始，在 DOCTYPE 的后面是一些空白符，就像标签名称后面有空白一样。此外，在<!与 DOCTYPE 单词之间不能有空白符。在空白符之后是 XML 文档的根元素名。它必须与 XML 文档里的根元素完全一样，包括它的前缀。由于例 6.6 中 XML 文档的根元素是<book>，因此 book 出现在了<!DOCTYPE 之后。

记住：XML 是区分大小写形式的，因此，XML 文档中的任何名称都要区分大小写。XML 推荐标准要求 DTD 声明中的名称必须与 XML 文档中的名称完全一样，包括大小写都要一样，在 DTD 中都是这样。任何对 XML 名称的引用都要区分大小写。

在根元素的名称之后，可以使用几种不同的方法来定义 DTD 的其余内容。在例 6.6 中，元素声明必须放在 DTD 声明的"["与"]"之间。当声明像例 6.6 中出现在"["和"]"之间时，这种声明称为内部子集声明。另外一种情况是，部分或全部声明都保存在单独一个 DTD 文件中。保存在外部文档中的 DTD 声明称为外部子集声明。在 XML 文档中，引用外部 DTD 有两种方法：系统标识符和公共标识符。

1. 系统标识符

利用系统标识符可以说明一个含有 DTD 定义的外部文件的位置，由两部分组成：关键字 SYSTEM 和指向 DTD 位置的 URL 引用。这个 URL 引用的可以是硬盘上的一个文件，也可以是内部网或局域网上的一个文件，甚至可以是 Internet 上的一个文件，例如：

```
<!DOCTYPE book  SYSTEM "book.dtd" [...]>
```

在声明语句的根元素名称之后是 SYSTEM。SYSTEM 之后是表示 DTD 文件位置的 URL 引用，必须使用引号。下面的文档类型声明都使用了系统标识符。

```
<!DOCTYPE book SYSTEM "file:///c:/book.dtd"  []>
<!DOCTYPE book SYSTEM "http://www.buu.edu.cn/book.dtd" []>
<!DOCTYPE book SYSTEM "book.dtd" >
```

在上面最后一个 DTD 声明中，没有"["和"]"字符，这完全是可以的。在 XML 文档中，定义一个内部子集是可选的。一个 XML 文档可能使用一个只含内部子集的 DTD 文件，也可能使用一个只含外部子集的 DTD 文件，也可能这两类 DTD 文件都使用。如果要定义一个内部子集，则必须插入到系统标识符 SYSTEM 之后的"["与"]"两个字符之间。

2. 公共标识符

公共标识符提供了定位 DTD 资源的第二种方法：

```
<! DOCTYPE name PUBLIC "-//Beginning XML//DTD Name Example//EN">
```

与系统标识符非常相似，公共标识符以 PUBLIC 关键字开始，其后紧跟着一个专用的标识符，但是公共标识不是用来表示文件的引用，而是表示目录中的一个记录。根据 XML 规范，公共标识符可以采用任何格式，但是一种经常使用的格式是正式公共标识符（Formal Public Identifier，FPI）。

FPI 的语法是由 ISO 9070 文档定义的。该文档同时也定义了 FPI 的注册和记录过程。ISO（国际标准化组织）是一个专门负责制定政府认可的标准的组织。访问 http://www.iso.ch 可以了解更多有关 ISO 这个标准化组织的信息。

FPI 的语法要匹配下面的基本结构。

```
-//Owner//class Description//Language//Version
```

从底层的角度来看，公共标识符的作用与命名空间的作用类似，但是公共标识符不能把两个不同的词汇组合到同一个文档里。就这一点而言，命名空间比公共标识符的功能更强大。

在标识符字符串之后，还可以插入一个可选的系统标识符。这样，当处理器不能解析公共标识符时，可以查找这个文档的副本（大多数处理器不能解析公共标识符）。当插入了一个系统标识符时，可以不使用 SYSTEM 关键字，这一点与只使用系统标识符时不同。下面是一个有效的文档类型声明，它声明了一个公共标识符。

```
<!DOCTYPE book PUBLIC "-//BUU//DTD Name//EN" "book.dtd">
```

这个声明假定，为一个根元素为<book>的文档定义了一个 DTD。它的公共标识符是：

```
-//BUU//BUU Book DTD//EN
```

如果解析器不能解析它，还有一个 URL 指向一个名为 book.dtd 的文件，此处没有定义内部子集。

在 XML 开发中经常用到公共标识符。事实上，许多 Web 浏览器利用公共标识符机制来识别 XHTML 文档的版本。例如，许多 XHTML 网页利用公共标识符——//W3C//DTD XHTML 1.0 Strict//EN 识别插入在文档的 DTD。当 Web 浏览器读取网页时，使用一个与公共标识符相对应的内置 DTD，而不是从 Internet 下载一个副本。这使得 Web 浏览器可以在本地的高速缓存中访问 DTD，因而大大减少了处理时间。当开发一个应用程序时，可以使用同样的方法。利用公共标识符可以提供一种识别词汇的方法，在这方面，它与命名空间的作用是相同的。

下面来建立一个外部 DTD 文件，并把它插入到一个 XML 文档里。可以采用内部子集、外部子集或二者兼而有之。当使用内部子集时，DTD 声明出现在 XML 文档的内部；当使用外部子集时，DTD 声明出现在单独的一个文件中。例 6.6 中使用的是内部子集。利用外部 DTD，很容易实现与公司甚至整个行业里其他人共享同一个词汇。同样，也可以共享其他公司或组织开发的词汇，方法是引用他们建立的外部 DTD 文件。

重新组织例 6.6 中的 XML 文档，把其中的 DTD 定义从 XML 文档中独立出来，放在单独一个文件 book3.dtd 中，如例 6.7 所示。新建一个 XML 文档，名称为 book3.xml，其内容与例 6.6 的内容类似，如例 6.8 所示。

[例 6.7] book3.dtd

```
<!ELEMENT book (title, authors, isbn, press, price)>
<!ELEMENT title (#PCDATA) >
<!ELEMENT authors (author+) >
<!ELEMENT isbn (#PCDATA) >
<!ELEMENT press (#PCDATA) >
<!ELEMENT price (#PCDATA) >
<!ELEMENT author (#PCDATA) >
```

[例 6.8] book3.xml

```
<?xml version = "1.0" encoding = "UTF-8"?>
<!DOCTYPE book PUBLIC "-//BUU//BUU Book DTD//EN" "book3.dtd">
<book>
    <title>Java 面向对象程序设计</title >
    <authors>
        <author>孙连英</author>
        <author>刘畅</author>
        <author>彭涛</author>
    </authors>
    <isbn>9787302489078</isbn>
    <press>清华大学出版社</press>
    <price>45.00</price>
</book>
```

例 6.8 的 XML 文档中，使用了一个外部 DTD 文件进行约束。该 XML 文档采用了 DTD 进行内容的约束，这种 XML 文档称为 XML 实例文档。可以看出，DTD 的语法几乎没有变化。内部 DTD 与外部 DTD 的主要区别是，在外部 DTD 中没有 DOCTYPE 声明，该声明总是在 XML 文档的开头。此外，在该 XML 文档中没有定义内部子集，而是利用公共标识符和系统标识符指定了验证程序要使用的 DTD 文件。

例 6.8 中，验证程序无法解析公共标识符。但是，处理器在验证时可以通过 XML 文档中的 URL 地址来找到所使用的 DTD 文件。在该示例中，XML 解析器必须找到

book3.dtd 文件。由于 URL 引用采用了相对地址（没有网站地址和驱动器符号），解析器就从当前目录开始查找，当前目录是指正在解析的 XML 文档所在的目录。XML 推荐标准并没有规定解析器应该如何处理相对 URL 引用，但是大多数 XML 解析器把 XML 文档所在的路径作为当前路径，这也正是例 6.8 所采用的办法。在使用相对 URL 引用之前，必须检查通过 URL 地址引用的文件是否存在。

使用外部 DTD 在很多情形中是有利的。例如，由于 DTD 定义保存在单独一个文件里，因此修改比较容易。如果同一段 DTD 内容在 XML 文档里重复多次，则修改就非常麻烦。但是，寻找外部的 DTD 文件需要额外的处理时间。此外，当 DTD 文件位于 Internet 上，解析器必须等待它从 Internet 下载。因此可以在本地保存一个 DTD 的副本用于验证，如果在本地保存了一个 DTD 的副本，则需经常检查在原来位置的 DTD 是否已更新。

在实际中，大多数 DTD 比例 6.7 中的 DTD 要复杂得多，因此最好实现词汇共享，并且使用通用的 DTD。在动手建立自己的 DTD 定义之前，如果知道从哪里可以下载现有的 DTD 定义那会大大减轻负担。共享 DTD 不仅解除了自行建立 DTD 定义的麻烦，而且更容易与共享同一个词汇的其他公司和其他 XML 开发商融合为一体。

很多个人和行业已经开发了很多 DTD，它们成为事实上的标准。例如，化学工作者利用化学标记语言（Chemical Markup Language，CML）的 DTD 定义来验证他们共享的 XML 文档。抵押行业，许多企业把抵押业标准维护机构的 DTD 应用于信息交换。XHTML，即 HTML 4.01 的 XML 版拥有三个 DTD，它们是过渡型、严格型和框架型。这三个 DTD 定义了 XHTML 可以使用的词汇。有了这些 DTD，浏览器的开发者能够在 XHTML 文档显示之前，确保内容的有效性。

为了找到某个特定行业需要的 DTD，可以借助很多方法。方法之一是使用常用的搜索引擎。在绝大多数情形中，用搜索引擎可以得到令人满意的结果。方法二是浏览 Cover Pages 网站，该网站上有很多有价值的 XML 资料，它由 Robin Cover 维护，网址是 http://xml.coverpages.org/。此外，也可以到都柏林核心元数据计划（Dublin Core Metadata Initiative）网站搜索，这是一个致力于建立可互操作标准的在线资源，网址是 http://www.dublincore.org。

6.3.3 声明元素

前面已经介绍了元素的声明，本节就声明元素的细节做深入讨论。当使用 DTD 定义一个 XML 文档的内容时，必须定义 XML 文档中的每一个元素。DTD 也可以对可选元素进行声明，可选元素是指在 XML 文档中可能出现，也可能不出现的元素。

元素声明由以下三部分组成。

❑ ELEMENT 声明;
❑ 元素名称;
❑ 元素内容模型。

在例 6.7 的 DTD 中，文档根元素 book 的元素声明为：

```
<!ELEMENT book (title, authors, isbn, press, price)>
```

ELEMENT 声明告诉解析器当前声明了一个元素。与 DOCTYPE 声明非常相似，ELEMENT 声明前必须有一个感叹号。这个声明符只能出现在 DTD 内容里。紧跟在 ELEMENT 关键字后的是需要定义的元素名。与 DOCTYPE 声明一样，元素名必须与 XML 文档里的元素名完全相同，包括命名空间前缀。

DTD 中必须指定命名空间的前缀，这是 DTD 的一个主要局限。因为这就意味着用户在 XML 文档中不能根据需要来定义命名空间前缀符，而必须使用 DTD 中已经定义的命名空间前缀符。之所以存在这样一个局限，是由于 W3C 在最终定稿命名空间的作用之前，已经完成了 XML 推荐标准。在 6.4 节可以看到，使用 XML Schema 进行词汇的定义就没有这种限制。

元素的内容模型必须出现在元素名称之后。一个元素的内容模型定义了可允许的元素内容。一个元素可能包含一个子元素、一段文本或子元素与文本的组合，也允许元素的内容为空。这正是 DTD 的核心，这样就可以定义 XML 文档的结构。就 XML 推荐标准而言，有 4 类内容文档，它们是：

- ❑ 元素内容;
- ❑ 混合内容;
- ❑ 空内容;
- ❑ 任意内容。

1. 元素内容

在 XML 文档中，许多元素还含有其他元素。事实上，这正是开发 XML 最主要的理由。为了定义一个包含元素内容的内容模型，只须将元素插入到后面的括号中。例如，有一个 book 元素，只允许有一个 title 子元素，则 book 元素的 DTD 定义如下。

```
<!ELEMENT book (title) >
```

事实上，在图书信息中，book 元素远远不止包含 title 一个元素，在例 6.8 的 XML 文档中，book 元素的子元素包括 title、authors、isbn、press 和 price 等，其 DTD 定义如下。

```
<!ELEMENT book (title, authors, isbn, press, price)>
```

在元素的内容模型中出现的每一个元素也必须有自己的 DTD 定义。因此，在上面的这段 DTD 定义中，还需要使用 ELEMENT 声明来定义 title、authors、isbn、press 和 price 元素，这样才能得到一个完整的 DTD 定义。另外，即使一个元素在多个内容模型中出现，也只需要声明一次。XML 推荐标准不允许在 DTD 中对同一个名称（包括元素、属性和实体）重复定义。

处理器需要读取元素的声明信息，才能知道如何处理这些元素。ELEMENT 声明的顺序并不重要，但是元素名称必须与 XML 文档中的元素名称完全相同，如果使用了命名空间，则命名空间也要完全相同。

即使是在例 6.1 中那样简单的 XML 文档中，一个元素也有多个子元素，这种情况在 XML 中是非常普遍的。定义元素的子元素，有两种基本的方法：顺序组合和选择组合。

顺序组合是定义元素时采用的主要方法。通常在有些 XML 文档中，一个元素的子元素必须按一定的顺序排列。对于这种情况，可以采用顺序组合的方法来定义该元素的内容模型。当定义一个顺序组合时，必须把各子元素的名称放在这个组合里，各子元素之间用逗号分隔。此外，在整个组合的前面是需要定义的父元素的名称。在声明内容模型时，如果不止一个子元素，则必须使用一个顺序组合，DTD 定义如下。

```
<!ELEMENT book (title, authors, isbn, press, price)>
```

在这段 DTD 定义中，元素声明表示 book 元素必须有 5 个子元素：title、authors、isbn、press 和 price，而且子元素的名称要完全相同，顺序也要完全一致。

如果在 XML 实例文档中少了 DTD 定义的顺序组合中的某个子元素，或者多了一个子元素，解析器就会报告错误。如果 XML 实例文档中有了声明中的全部子元素，但是不是按 title、authors、isbn、press、price 元素这种顺序出现，解析器也会报告错误。

另外需要注意的是，在只含有元素的内容模型里（例如前面的 book 元素），各子元素之间是否有空白并不重要。因此，利用前面的 DTD 声明，book 元素中的内容可以指定为如例 6.8 所示的 XML 实例文档。在该 XML 实例文档中，各子元素之间包含换行和制表符两个空白字符。

由于各子元素之间的空白字符并不重要，因此 book 的内容也可以如下所示。

```
<book><title>Java 面向对象程序设计</title><authors><author>孙连英
</author><author>刘畅</author><author>彭涛</author></authors>
<isbn>9787302489078</isbn><press>清华大学出版社</press><price>
45.00</price></book>
```

在仅含有元素的内容模型里，元素之间的空白字符只是为了增加可读性，对 XML 实例文档的有效性没有任何意义。

2. 混合内容

XML 推荐标准规定任何以文本为内容的元素是一个混合内容模型元素。在混合内容模型里，文本可以单独出现，也可以与其他元素交错在一起。只含有文本的元素称为纯文本元素。

定义混合内容模型的规则与定义元素内容模型的规则类似。在例 6.3 的 DTD 定义中，已经包含几个最简单的混合内容模型（纯文本）的例子。

```
<!ELEMENT title (#PCDATA) >
```

在这个声明中，在内容模型的括号里使用了关键字#PCDATA。PCDATA 是 Parsed Character Data（被解析的字符数据）。这个关键字表示，XML 实例文档中的字符数据需要解析。下面是一个符合该声明的例子。

```
<title>Java 面向对象程序设计</title>
```

混合内容模型的内容也可以同时包含文本和子元素。例如，需要在 book 元素中加入一些说明，可以创建一个<description>元素，在这个元素里可以使用换行符以及斜体和粗体等符号。

```
<description>Java 面向对象程序设计简介
    <em>作者：孙连英、刘畅、彭涛</em>
    本书是进阶式讲解 Java 程序设计的教材，案例丰富，习题、实验、配套资
    源完备。课件下载处为本书 PPT 课件和课后习题答案，更新时间为
    2017-12-25。<br/>
    <strong>https://www.amazon.cn/dp/B078B3YCGT/</strong>
    版权所有
</description>
```

这个例子里，使用了一个 description 元素，该元素的内容是一些文本与 em（表示斜体）、strong（表示粗体）以及 br（换行符）等元素交错在一起的混合内容。如果熟悉 HTML 或 XHTML，就可知道 em、strong 和 br 等元素的含义。在 HTML 里，经常使用混合内容模型来表示 HTML 文档的内容。

在 DTD 文件中，定义混合内容模型只有一种办法。在混合内容模型中如果需要增加元素，则必须使用选择组合，这意味着在内容模型里必须有至少一个竖线分隔符，上述 description 元素的定义如下。

```
<!ELEMENT description (#PCDATA | em | strong | br)* >
```

注意，在使用选择组合来描述内容模型时，子元素之间必须使用竖线分隔符，而不能使用逗号分隔符。

当混合内容模型中还包括子元素时，关键字#PCDATA 必须出现在子元素列表的第一个位置。解析器据此就可以知道它正在处理一个混合模型内容，而不是元素内容模型。与只含元素的内容模型不同，在混合内容模型中不能再嵌套声明混合内容模型。

在上述 description 元素的定义中，混合内容模型的括号外有一个星号。当在混合内容模型里加入子元素时，必须在内容模型的结尾位置插入一个星号，其目的是告诉解析器重复此内容模型。星号在 DTD 中属于量词符号，其目的是用来表示出现的次数。

由于使用了一个重复的选择组合模式（星号量词符号），就不能再控制混合内容中的子元素的个数和顺序。例如，在 description 元素中，em 子元素、strong 子元素、br 子元素和文本内容出现的次数没有限制，而且它们出现的顺序也没有任何要求。

一个元素的出现次数是指这个元素在内容模型中出现的次数。内容模型中的每个元素名后面都有一个量词符号表示该元素的出现次数。DTD 有 4 个量词符号，如表 6.2 所示。

表 6.2　DTD 中的量词符号

量词符号	说　　明
无	表示元素必须出现且只能出现一次。这是内容模型中元素的默认方式
?	表示元素出现零次或一次
+	表示元素出现一次或多次
*	表示元素出现零次或多次

总之，在混合内容模型中声明子元素时，它们必须遵循以下规则。

- ❑ 必须使用选择组合（竖线符号）来分隔各子元素；
- ❑ 关键字#PCDATA 必须出现在子元素列表的最前面；
- ❑ 其中不能再嵌套内容模型；
- ❑ 如果有子元素，则量词符号必须出现在模型的最后。

3. 空内容

有些元素可以有内容，也可以没有内容。

```
<comment>6</comment>
<comment></comment>
```

元素 comment 有时有内容，有时没有内容。在 XML 文档中，有些元素可能永远没有内容。事实上，在很多情况下，在某些元素里插入文本或其他子元素是毫无意义的。例如，可以在<description>元素中插入
元素表示换行符，但是在
元素中插入文本是毫无意义的。而且从理论上讲，在
元素里无法插入其他东西。这是空内容模型的最好例子。

定义一个空内容模型的元素，只需在声明中使用 EMPTY 关键字，紧跟在元素名称的后面，代码如下。

```
<!ELEMENT br EMPTY>
```

该声明要求 br 元素在 XML 文档中必须是一个空元素。不能使用 EMPTY 关键字来声明可能有内容的元素，如<comment>元素，该元素在 XML 文档中可能有内容，也可能没有内容。实际上，即使一个元素在 DTD 中并没有被声明为空内容模型，该元素在 XML 文档中仍然可以是空内容。由于<comment>元素可能会有内容，因此在 DTD 中定义该元素时，不能使用 EMPTY 关键字，而是使用混合内容模型来声明该元素。

4. 任意内容

最后，可以使用 ANY 关键字声明一个元素。当使用 ANY 关键字来声明内容模型时，表示其内容不受约束。例如，使用 ANY 关键字来声明<description>元素：

```
<!ELEMENT description ANY>
```

在这个例子里，使用 ANY 关键字表示任何在 DTD 中声明的元素都可以作为 description 元素的内容。允许它们按任意顺序、以任意次数出现在 description 元素中。但是 ANY 关键字不允许使用没有在 DTD 中声明的元素。除了元素之外，任何字符内容也可以出现在 description 元素中。

由于 DTD 是用来限制元素内容的，因此 ANY 关键字使用的并不多，它对已声明元素的内容几乎不加任何限制。

6.3.4 声明属性

在很多方面，属性声明的语法与元素声明类似。前面介绍了元素的内容模型，本节讲述如何声明元素的属性。属性的声明需要使用 ATTLIST 关键字：

```
<!ELEMENT  books  (book+)>
<!ATTLIST  books  source  CDATA  #IMPLIED>
```

上述定义中，第一条语句声明了元素 books，并说明该元素至少包含一个 book 子元素。第二条语句是 ATTLIST 声明，声明了 books 元素的属性，为 books 元素定义了一个 source 属性。

ATTLIST 声明包括以下三部分的基本内容。

❑ ATTLIST 关键字；

❑ 属性所属的元素名称；

❑ 属性列表。

与其他声明语句一样，ATTLIST 声明的首字符必须是一个感叹号，表示这是 DTD 定义的声明语句。紧跟在 ATTLIST 关键字之后的是元素的名称，在上述定义中，元素的名称是 books，这表示当前定义的属性属于 books 元素。

一般在元素名称之后定义属性。一个 ATTLIST 声明语句可以定义任意数量的属性，每个属性由以下三部分组成。

❑ 属性的名称；

❑ 属性的类型；

❑ 属性的取值方式。

下面来逐一分析 source 属性声明的每一部分内容。

```
source CDATA  #IMPLIED
```

在该属性声明语句中，属性的名称是 source，关键字 CDATA 是属性类型，表示该属性的值是字符数据；最后一部分是#IMPLIED 关键字，表示该属性没有默认的值；使用了#IMPLIED 关键字声明的属性可以不出现在元素中。属性声明中的第三部分是值声明（Value Declaration），控制解析器如何处理属性的值。

1. 属性的名称

属性的名称类似于元素的名称。在声明属性时，必须遵守 XML 基本的命名规则。除了遵守这些基本规则外，属性列表中不能出现重复的属性名称。一个元素不能包含重复的属性名。在 XML 实例文档中使用的属性名必须与 DTD 中定义的属性名完全相同，包括它们的命名空间前缀。

就 DTD 定义而言，像 xmlns:buubooks = "http://www.buu.edu.cn/books"的命名空间声明也被视为属性。虽然推荐标准坚持认为 xmlns 语句是声明而非属性，但是如果要在 DTD 中定义 xmlns，则必须在 ATTLIST 中进行声明。这同样是由于 W3C 在命名空间标准出来之前 DTD 语法已经制定完毕。

2. 属性的类型

在声明属性时，必须说明处理器如何处理属性值中的字符数据。在元素声明语句中，可以说明元素包含文本内容，但是没有说明处理器如何处理文本内容。为解决这个问题，属性声明引入了几个新内容。在表 6.3 中列出了各个不同的属性类型。

表 6.3　DTD 中属性的类型

类型	描　　述
CDATA	表示属性值是字符数据。注意与 ELEMENT 声明中的 PCDATA 关键字稍有不同。解析器在解析 CDATA 时，会忽略某些保留字，在这一点上与 PCDATA 不同
ID	可以唯一确定包含它的元素的属性值
IDREF	表示属性值是一个 ID 的引用，引用一个可标识的唯一元素
IDREFS	表示属性值为一个由空白符分隔的 IDREF 列表
ENTITY	属性值是一个外部非解析实体（有关实体的更多内容将在本章后续内容中介绍。不可解析实体可能是一个图像文件或其他外部资源，如.mp3 文件或其他二进制文件）
ENTITIES	属性值是一个由空白符分隔的 ENTITY 列表
NMTOKEN	属性值是一个名称标记。一个名称标记（name token）是一个字符数据串，由标准的、允许用于命名的字符组成
NMTOKENS	属性值是一个由空白符分隔的 NMTOKEN 列表
Enumerated List	除了默认类型值，属性值还可以是枚举值列表

紧跟在属性名称之后的是属性的类型。下面详细讨论每种属性类型。

1）CDATA

CDATA 是属性的默认类型，表示属性的值是字符数据。处理器不会对 CDATA 值进行任何的类型检查，因为它是最基本的数据类型。毫无疑问，XML 的结构良好规则仍然起作用，但是只要内容是结构良好的，处理器会把任何文本当成 CDATA。

2）ID、IDREF 和 IDREFS

类型为 ID 的属性在 XML 文档中可以唯一地标识一个元素。如果为一个元素已经定义了一个 ID 性质的属性，以后就可以通过该属性来引用这个元素。对元素进行唯一性标识是 XML 的重要技术之一。在 HTML 和 CSS 中，经常通过元素的 ID 属性来对元素进行引用。在 JavaScript 中，也经常通过 ID 属性来访问 HTML 文档中的元素。

使用 ID 属性时，要遵循以下规则。

（1）ID 类型的属性名必须遵循 XML 的命名规则；

（2）ID 类型的属性值在整个 XML 文档中必须是唯一的；

（3）一个 ID 类型的属性只能属于一个元素；

（4）ID 类型的属性必须声明为#IMPLIED 或#REQUIRED。

假设想给 book 元素增加一个 ID 属性，该属性代表该图书在 https://www. amazon.cn 上的唯一性编码：

```
<!ATTLIST  book ASIN ID #REQUIRED>
```

在 XML 实例文档中增加一个唯一性的 ID 值：

```
<book ASIN= "B078B3YCGT">
```

ASIN 已被声明为一个 ID 属性。以图书中的图书亚马逊编号作为 ASIN 属性值，保证了每个属性值的唯一性。ID 类型的属性值必须唯一，也就是说不同元素的 ID 属性值不能相同。

定义 IDREF 属性也有如下类似的规则。

❑　IDREF 类型的属性值必须遵循 XML 的命名规则；

❑　IDREF 类型的属性值必须与 XML 文档中的某个 ID 值相对应。

3）ENTITY 和 ENTITIES

属性可以包含不可解析实体的引用。一个不可解析实体是指一个解析器不能解析的外部文件。例如，外部图像文件就是一个不可解析实体。与其把图像文件插入到 XML 文档中，还不如利用一个特殊属性来插入对这个外部文件的引用。在 DTD 定义中，使用 ENTITY 关键字可以定义一个可重用的引用。

首先来看 ENTITY 属性类型的一些规则。在 ENTITY 属性中引用的对象必须是已经在 DTD 的其他位置已经定义好的对象。此外，如果要引用一个 ENTITY，属性值必须符合 XML 的命名规则。分析下面的属性声明：

```
<!ATTLIST book cover ENTITY #IMPLIED>
```

把 cover 定义为实体属性后，就可以在 XML 实例文档中引用这个实体属性名：

```
<book cover = "PictureOfB078B3YCGT">
```

cover 属性引用了一个名为 PictureOfB078B3YCGT 的实体。这里假定已经在 DTD 的某个位置声明了名称为 PictureOfB078B3YCGT 的实体。

ENTITLES 属性类型表示由空白符分隔的 ENTITY 列表。因此可以声明如下的实体列表。

```
<!ATTLIST book covers ENTITIES #IMPLIED>
```

下面的语句引用了上面这个实体列表，这个引用是有效的：

```
<book covers = "PictureOfB078B3YCGT-Small
               PictureOfB078B3YCGT-Large">
```

covers 的实体名仍然是有效的，两个实体名由空白符分隔。两个实体名之间可以有一个换行符和若干空格符，这是合法的，因为 XML 处理器并不关心两个值之间有多少空白符。XML 处理器会把任意个空格符、跳格符、换行符和回车符都当作空白符。

4）NMTOKEN 和 NMTOKENS

经常需要在属性中引用一个概念或一个单词，可以是一个元素名称、一个实体名称、一个属性名称或者其他任何概念。实际上，NMTOKEN 的属性值不需要声明。有了

NMTOKEN 类型属性，可以创建一个属性值，该属性值只要符合 XML 命名规则，XML 处理器就认为有效。

假设要给 book 元素增加一个 tag 属性，利用它为 book 元素定义一个会引起人们注意的关键字：

```
<!ATTLIST book tag NMTOKEN #IMPLIED>
```

tag 属性允许取以下的值：

```
<book tag = "aaaa">
```

在 XML 的命名规则中，名称的首字符不能是数字，但是 NMTOKEN 的属性值不受这个规则约束。NMTOKEN 值的第一个字符可以是包括数字在内的任何名称字符。

与其他属性类型一样，NMTOKENS 类型也是一个由多个 NMTOKEN 值组成、由空白字符分隔的列表。例如，可以定义一个 tags 属性，它的值可以由 aaaa、bbbb 和 cccc 等 NMTOKEN 值组成，如下所示。

```
<!ATTLIST book tags NMTOKENS #IMPLIED>
```

下面是 tags 属性的值。

```
<book tags = "aaaa bbbb" >
```

注意在 DTD 中不需要定义 aaaa、bbbb 和 cccc 等，它们都是合法的 NMTOKEN 值。

5）枚举类型

显然，能够检查属性值的类型是非常有必要的。假设某个属性只允许某组值，那么可以利用现有的类型限制这个属性值。但是这还不够，例如，表示股票最新价格的 price 元素增加一个 currency 属性，表示该价格的货币种类，其值可能是 RMB、USD、EUR、HKD 等。这些值都是字符数据，因此可以使用 CDATA 类型。但此时值 42 也是合法的，因为这也是字符数据，这不是我们所希望的。另外一种办法是利用 NMTOKEN 属性类型，因为这 4 个值都是有效的 NMTOKEN，但同时也允许像 Blog 这样的值。因此最好能进一步限制该属性的值。

使用枚举类型可以实现上述功能。在声明属性的同时定义一个允许值的列表。声明时，在每个枚举值之后可以使用任意个空白符，每个值必须是一个有效的 XML 名称，值本身不能有空白符。使用枚举类型定义一个 currency 属性，如下所示。

```
<!ATTLIST price currency (RMB | USD | EUR | HKD) #IMPLIED>
```

在小括号中列出了各个允许的值，各个值之间使用竖线进行分隔。上述声明表示，currency 属性的值必须满足列表中的某一个值，而且只能是其中的一个。列表中的每个元素必须是一个有效的 NMTOKEN 值。NMTOKEN 类型与 XML 名称非常相似，只是前者的首字符可以是数字字符。下面一些例子，使用了这个刚定义的 currency 属性。

```
<price currency = "RMB">
```

下例定义的 currency 属性值是无效的。

```
<price currency = "RMB USD">
```

或

```
<price currency = "rmb">
```

<price currency = "RMB USD">无效，是因为使用了枚举列表中的多个值。

<price currency = "rmb">无效，是因为列表中的 RMB 值是大写的，而 XML 代码中 currency 属性值中的 rmb 是小写的。由于 XML 是区分大小写形式的，因此属性列表中的值也是区分大小写的。

3. 属性的取值方式

声明属性时，需要说明属性值的取值方式。可以在 DTD 中声明属性时给该属性指定一个默认值；也可以在 XML 实例文档中给该属性赋值；也可以要求该属性的值为某个固定值。在 DTD 中声明属性时必须说明上述这些属性值的取值方式。

根据 XML 推荐标准，属性的值可以按以下 4 种方式来设置。

1）默认值

有时候，即使在 XML 实例文档中没有明确给属性赋值，也希望该属性有某个值，那么这个值就是默认值。在为某个属性设置了默认值后，它一定会出现在最后的输出结果中。在处理文档时，XML 解析器如果发现 XML 实例文档没有定义属性值，就自动插入该属性的默认值。如果一个属性既有默认值，又在 XML 实例文档中给该属性赋值，则 XML 实例文档中的值优先于默认值。DTD 中的属性默认值只对 XML 解析器有用。能够为属性指定默认值是 DTD 最有价值的特性之一。

定义一个属性的默认值非常容易，只需在属性类型后插入一个用引号表示的值即可。

```
<!ATTLIST price currency (RMB | USD | EUR | HKD) "RMB">
```

在这个例子里，修改了前面的 currency 属性声明语句，给该属性指定了一个默认值，默认值是 RMB。验证解析器在读取 price 元素时，如果 currency 属性还没有赋值，则自动插入 RMB 作为 currency 属性的值。如果解析器发现在 price 元素中已经定义了 currency 属性的值，那么就使用这个值。

在给属性指定默认值时，必须确保这个值与属性的类型一致。例如，如果属性类型是 NMTOKEN，那么默认值必须是一个有效的名称标记。如果属性类型是 CDATA，那么默认值可以是任何结构良好的 XML 字符数据。

不能给 ID 类型的属性设定默认值。如果一个验证解析器给多个 ID 类型的属性插入同一个默认值，那么这些元素的 ID 值就不再具有唯一性了，整个 XML 文档因此也无效。

2）固定值

在某些情况下，属性值可以是固定不变的。如果某个属性值固定不变，那么可以使用 #FIXED 关键字，之后紧跟这个固定值。固定值在许多方面与默认值相似。解析器在解析 XML 文档时，当遇到一个固定值的属性时，就把这个固定值插入到这个属性里。

固定属性值的一个常见应用是指定版本号。DTD 的作者经常为某个专用的 DTD 文件指定一个固定的版本号：

```
<!ATTLIST books version CDATA #FIXED "1.0">
```

与默认值一样，在定义属性的固定值时，这个值必须与属性的类型一致。与默认值声明一样，在声明固定值时，不能为 ID 类型的属性值设定一个固定值。固定值与默认值的不同点在于，一旦给定了固定值，在 XML 实例文档中就不能再为该属性指定其他的值，否则该 XML 实例文档就不是有效的。

3）必需值

当把某个属性设置为 REQUIRED（必需值）时，表示该属性必须出现在 XML 实例文档中。一个 XML 实例文档要正常工作，就必须有该属性。这是约束 XML 实例文档内容的一种方式。例如，把 currency 属性设置为必需值：

```
<!ATTLIST price currency (RMB | USD | EUR | HKD) #REQUIRED>
```

这表示，XML 实例文档中的每个 price 元素都必须有 currency 属性。如果解析器在解析 XML 文档时遇到了一个没有 currency 属性的 price 元素，则报告一个错误信息。

要把某个属性声明为必需值，只需要在属性类型的后面加上#REQUIRED 关键字即可。如果某个属性已设为必需值，那么不能再为这个属性设置一个默认值，也就是说，关键字#REQUIRED 和默认值是互斥的。

4）隐含值

在某些情况下，声明的属性既不是必需的，也没有默认值或固定值。在这种情况下，该属性可能出现在元素中，也可能不出现，这种属性称为隐含属性（IMPLIED）。当 XML 文档中包含隐含属性时，XML 解析器只是检查在 XML 实例文档中指定的属性值是否符合相应的属性类型。如果这个值不符合属性类型的规则，则解析器报告一个验证错误；如果在 XML 实例文档中相应的元素没有该属性，则 XML 解析器不做任何处理。

在声明属性时需要声明属性的取值方式。如果属性没有默认值，也没有固定值，也不是必需的，那么必须把它声明为隐含的。把一个属性声明为隐含的，只需在属性类型之后加上#IMPLIED 关键字即可，定义如下。

```
<!ATTLIST book titles IDREFS #IMPLIED>
```

到目前为止，上述示例中的 ATTLIST 声明都只定义了一个属性。但是一些元素需要多个属性。实际上，通过 ATTLIST 语句也可以声明多个属性，如下所示。

```
<!ATTLIST book version CDATA #FIXED "1.0"
                source  CDATA  #IMPLIED >
```

这个 ATTLIST 声明语句定义了 book 元素的两个属性：version 属性和 source 属性。其中，version 属性取固定值"1.0"，类型为字符数据；而 source 属性的值也是字符数据，但是 source 属性是隐含的。如果需要声明多个属性，就像本例，各属性之间必须使用空白符分隔。在这个例子中，两个属性之间使用了一个换行符。为了使两个属性的声明对齐，第二个属性声明的前面加了一些空白字符。在声明多个属性时经常使用这种方法。除了可以在一个 ATTLIST 声明语句里定义多个属性外，也可以为一个元素多次使用 ATTLIST 声明，每次定义一个属性，如下所示。

```
<!ATTLIST  book version CDATA  #FIXED "1.0">
<!ATTLIST  book source  CDATA  #IMPLIED>
```

上述两种方式都可以定义多个属性，并且都符合 DTD 的规则。

6.4 XML Schema

XML Schema 的作用与 DTD 一样，都是用于定义 XML 文档结构，并用于验证 XML 文档。但 XML Schema 的功能比 DTD 要强大得多，相应地也比 DTD 复杂得多。XML Schema 的内容非常庞大，详细地讲解 XML Schema 的内容已经超过了本书的范围，本节就 XML Schema 基本的内容进行介绍。XML Schema 的标准稍显大了一些，如果对 XML 文件的约束只限于文件的标签和属性结构，而不涉及文本的具体内容，那么 DTD 就足够了，它能够完成 XML Schema 的大部分功能，简单而且兼容性很好。

模式的目的是为了约束 XML 文件。正如前面所述，XML 元素的内容可以由文本数据和子元素组成，模式就是为了限制元素应当有怎样的文本内容以及可以有哪些子元素。6.3 节讲解了 DTD 文件，并介绍了怎样使用 DTD 文件来约束 XML 文档。可以将 DTD 文件看成 XML 文档的一种模式，一个和 DTD 关联的有效的 XML 文档必须遵循该模式。但是，DTD 文件有些不足之处。例如，当将标记约束为 "#PCDATA" 时，仅限制了该标签只能有文本数据，却不能限制文本数据的实际意义；又如，不能强制限制文本内容是浮点数或是日期形式的数据。

6.4.1 XML Schema 简介

在计算机软件中，Schema 这个词在不同的应用中有不同的含义，可以翻译为架构、结构、规则、模式等。在 XML 中，Schema 指的是定义和描述 XML 文档的规则，可翻译为模式，在本书中一律仍然使用英文原文 XML Schema。

W3C 于 1998 年开始制定 XML Schema 标准，2001 年 5 月 2 日正式发布了 XML Schema 1.0 的第一版。2004 年 10 月 28 日，W3C 发布了 XML Schema 1.0 的第二版，该版本修正了第一版中的一些错误。本节依据的是 XML Schema 1.0 的第二版。

XML Schema 1.0 推荐标准包括如下三部分。

1. XML Schema Part 0: Primer (Second Edition)

这一部分是 XML Schema 的非标准文档，它对 XML Schema 的功能提供了一个让人容易理解的描述，并给出了大量的示例和说明，主要目的是帮助开发者快速掌握 XML Schema 语言来创建 XML Schema。该部分文档的网址是：http:// www.w3.org/TR/xmlschema-0/。

2. XML Schema Part 1: Structures (Second Edition)

这一部分详述了 XML Schema 定义语言（XML Schema Definition Language，XSDL），

描述了 XSDL 中用于定义 XML 文档结构和约束 XML 文档内容的大部分组件。该部分规范依赖于 XML Schema Part 2: Data types。该部分文档的网址是：http://www.w3.org/TR/xmlschema-1/。

3. XML Schema Part 2: Data types (Second Edition)

这一部分定义了一个类型系统，描述了内置的数据类型和可用于限制它们的面（facet）。这部分是单独的文档，其他规范也可以使用它，而不需要包含所有的 XML Schema。该部分文档的网址是：http://www.w3.org/TR/xmlschema-2/。

XML Schema 模式不仅能实现 DTD 的大部分功能，而且能指定元素内容的"数据类型"。但是 XML Schema 模式也不是万能的，XML Schema 模式的出现并不意味着抛弃了 DTD。DTD 可以实现 XML Schema 模式不能实现的功能，而且较 XML Schema 模式而言，具有广泛的解析器支持。

DTD 非常适合下列情形。

- ❏ 文件是叙述性的，并有混合内容；
- ❏ 需要约束元素之间的关系，特别是子元素的顺序关系，而不是元素本身的文本内容；
- ❏ 需要使用实体；
- ❏ XML 文件的使用者对使用的 DTD 达成一致。

而 XML Schema 则非常适合下列情形。

- ❏ 需要定义数据类型，以便约束元素的文本内容内部结构，例如，约束元素 Last 的内容是一个正的浮点数；
- ❏ 元素的子元素的顺序并不重要，重要的是其数量；
- ❏ 元素约束不限于父子关系，需要考虑祖先及子孙管理；
- ❏ 跨越多个文件，命名空间前缀不一致。

XML Schema 文档采用 XML 语法，因此 XML 的语法规则和命名约束也适用于 XML Schema。实际上，可以把 XML Schema 看成 XML 定义的一种应用。使用 XSDL（XML Schema Definition Language，XML 模式定义语言）编写的 XML 文档，称为 XML Schema 文档。XML Schema 文档以 schema 元素作为根元素，文件的扩展名为".xsd"。

下面来看一个最简单的 Schema 定义文档，如例 6.9 所示。

[例 6.9] first.xsd

```
<?xml version = "1.0"?>
<xsd:schema xmlns:xsd = "http://www.w3.org/2001/XMLSchema">
    <xsd:element name = "title" type = "xsd:string"/>
</xsd:schema>
```

对例 6.9 的说明如下。

XML Schema 文档本身也是 XML 文档，因此以 XML 声明开始。

XML Schema 文档以 xs:schema 作为文档根元素，标志着 XML Schema 定义内容的开始。XSDL 中的元素都在 http://www.w3.org/ 2001/XMLSchema 命名空间中，因此必须

在根元素上声明这个命名空间，并指定命名空间的前缀（通常是 xs 或者 xsd），例 6.9 中指定的前缀为 xsd。

使用 XSDL 中的 xsd:element 元素来声明一个在 XML 文档中使用的元素，属性 name 指定元素的名字，属性 type 指定元素的类型，即指定元素内容的类型。在例 6.9 中，使用 xsd:element 元素声明了 title 元素（name = "title"），该元素的类型为字符串（type = "xsd:string"）。

一个符合例 6.9 所示的 XML Schema 定义的 XML 文档如例 6.10 所示。

[例 6.10] title.xml

```
<?xml version = "1.0" encoding = "UTF-8" ?>
<title>Java 面向对象程序设计</title>
```

那么如何使用例 6.9 制定的 XML Schema 文件来对例 6.10 中的 XML 文档进行约束呢？使用例 6.9 的 XML Schema 文件进行约束的 XML 文档如示例 6.11 所示。

[例 6.11] 修改后的 title.xml

```
<?xml version = "1.0" encoding = "UTF-8" ?>
<title xmlns:xsi = "http://www.w3.org/2001/XMLSchema-instance"
       xsi:noNamespaceSchemaLocation = "first.xsd">
    Java 面向对象程序设计
</title>
```

例 6.11 中，在根元素 title 的开始标签处，声明了 URI 为"http://www.w3.org/2001/XMLSchema-instance"的命名空间并使用前缀 xsi 表示该命名空间。随后使用该命名空间中的 noNamespaceSchemaLocation 属性来指定当前 XML 文档的不包含命名空间的 XML Schema 文件的 URL，例 6.11 中为"first.xsd"，这意味着这个 XML Schema 文件（first.xsd）和例 6.11 的 XML 文件在同一目录下。

6.4.2 声明元素

元素是创建 XML 文档的主要构建材料。在 XML Schema 中，通过使用<element>来声明元素。元素声明用于给元素指定元素的名称、内容和数据类型等属性。在 XSDL 中，元素声明可以是全局的，也可以是局部的。

1. 元素的声明语法

在 XML Schema 中必须定义有且仅有一个 schema 根元素。根元素不但表明了文档类型，而且包括 XML Schema 模式命名空间的定义，以及其他命名空间的定义、版本信息、语言信息和其他一些属性，定义如下。

```
<?xml version = "1.0" encoding = "UTF-8" ?>
<xsd:schema  name = "mySchema"
             xmlns:xsd = "http://www.w3.org/2001/XMLSchema" >
```

```
        ... ...
    </xsd:schema>
```

其中，name 属性指定 Schema 的名称，也可以不使用。xmlns 指定了所属的命名空间，紧跟在后面的 xsd 则是该命名空间的名称，命名空间"http://www.w3.org/2001/XMLSchema"被映射到了 xsd 前缀。

XML Schema 中的元素是利用 element 标签来声明的，其中，name 属性用来定义元素的名称；type 属性用来定义元素的数据类型，在这里可以是 XML Schema 中的内置数据类型或其他类型，具体定义如下。

```
    <xsd:element name = "title" type = "xsd:string" />
```

其中，name 是元素类型的名称，必须以字母或下画线开头，而且只能包含字母、数字、下画线、连接符和句点。type 属性是必需的，说明该元素的数据类型。例 6.11 定义了一个全局元素声明 title，其数据类型为简单字符串类型。

在元素的定义中还有两个属性：minOccurs 和 maxOccurs。其中，minOccurs 属性定义了该元素在父元素中出现的最少次数（默认为 1，值为大于等于 0 的整数）；maxOccurs 属性定义了该元素在父元素中出现的最多次数（默认为 1，值为大于等于 0 的整数）。maxOccurs 属性的值可以设置为 unbounded，表示对元素出现的最多次数没有限制。

```
    <xsd:schema xmlns:xsd = "">
    <xsd:element name = "author" type = "xsd:string"
                minOccurs = "0" maxOccurs = "unbounded" />
    </xsd:schema>
```

上述代码中，表示元素 author 的数据类型为 string，出现的次数最少为 0（就是可选），最多次数则没有限制。

一般来说，如果元素声明出现在 XML Schema 文档的顶级结构中，也就是说，它的父元素是 schema，那么这些元素为全局元素。反之，局部元素声明只出现在复杂类型定义内部，局部元素声明只在该类型定义中使用，而不能被其他复杂类型引用或在替换组中使用。不同的复杂类型可以有相同元素名称的局部元素。

例 6.12 中的 XML 文档，表示有关书的信息。

[例 6.12]　book.xml

```
<?xml version = "1.0" encoding = "UTF-8" ?>
<book>
    <title>Java 面向对象程序设计</title>
    <authors>
        <author>孙连英</author>
        <author>刘畅</author>
        <author>彭涛</author>
</authors>
<isbn>9787302489078</isbn>
```

```
<press>清华大学出版社</press>
<price>45.00</price>
</book>
```

用于约束该 XML 文档的 XML Schema 如例 6.13 所示。

[例 6.13]　book.xsd

```
<?xml version = "1.0"?>
<xsd:schema xmlns:xsd = "http://www.w3.org/2001/XMLSchema">
    <xsd:element name = "book">
        <xsd:complexType>
            <xsd:sequence>
                <xsd:element name = "title" type = "xsd:string" />
                <xsd:element name = "authors">
                    <xsd:complexType>
                        <xsd:sequence>
                            <xsd:element  name = "author"
                                          type = "xsd:string"
                                          minOccurs = "1"
                                          maxOccurs = "unbounded" />
                        </xsd:sequence>
                    </xsd:complexType>
                </xsd:element>
                <xsd:element name = "isbn" type = "xsd:string" />
                <xsd:element name = "press" type = "xsd:string" />
                <xsd:element name = "price" type = "xsd:double" />
            </xsd:sequence>
        </xsd:complexType>
    </xsd:element>
</xsd:schema>
```

<xsd:complexType>用于声明一个复杂类型的元素。所谓复杂类型的元素是指可以拥有子元素或属性的元素。使用<xsd:element>只能声明简单类型的元素，简单类型的元素既不能包含子元素，也不能具有任何属性。

例 6.13 的 XML Schema 中，元素声明的嵌套层次较深。对于例 6.12 这种非常简单的 XML 文档，其 XML Schema 已经有三层的<xsd:element>嵌套，而且被包含的元素是在被包含的地方声明，给 XML Schema 的理解增加了麻烦，而且如果一个元素在文档中可能多次定义。为了简化 XML Schema 的定义，可以使用引用。

2. 元素的引用

引用是利用 element 标签的 ref 属性来实现的。在定义 XML Schema 时，可以将经常使用的元素定义为根元素的子元素，即全局元素，这样可以在文档的任何地方引用它。因此，可以在例 6.13 中的 XML Schema 中增加引用，增加之后见例 6.14。

[例 6.14] book_ref.xsd

```xml
<?xml version = "1.0"?>
<xsd:schema xmlns:xsd = "http://www.w3.org/2001/XMLSchema">
    <xsd:element name = "title"    type = "xsd:string" />
    <xsd:element name = "author"   type = "xsd:string" />
    <xsd:element name = "isbn"     type = "xsd:string" />
    <xsd:element name = "press"    type = "xsd:string" />
    <xsd:element name = "price"    type = "xsd:double" />
    <xsd:element name = "book">
        <xsd:complexType>
            <xsd:sequence>
                <xsd:element ref = "title" />
                <xsd:element name = "authors">
                    <xsd:complexType>
                        <xsd:sequence>
                            <xsd:element ref = "author"
                                         minOccurs = "1"
                                         maxOccurs = "unbounded" />
                        </xsd:sequence>
                    </xsd:complexType>
                </xsd:element>
                <xsd:element ref = "isbn" />
                <xsd:element ref = "press" />
                <xsd:element ref = "price" />
            </xsd:sequence>
        </xsd:complexType>
    </xsd:element>
</xsd:schema>
```

在例 6.14 定义的 XML Schema 中，首先在 schema 元素中定义了几种简单类型的全局元素，其元素名称分别是 title、author、isbn、press 和 price。数据类型除 price 为 double 类型之外均为 string 类型。而后在元素名称为 book 的复杂类型声明中引用了上述 5 种简单类型的元素。

在 XML Schema 中还可以为某个声明的元素起别名，这主要是利用 element 元素的 substitutionGroup 属性来实现的。例如，在例 6.15 的 XML 文档中，这本书有三名作者，其中前两个是英文原作者，第三个是中文版的译者。

[例 6.15] book2.xml

```xml
<?xml version = "1.0" encoding = "UTF-8" ?>
<book  xmlns:xsi = "http://www.w3.org/2001/XMLSchema-instance"
       xsi:noNamespaceSchemaLocation = "book_sub.xsd">
    <title>数据访问宝典：实现最优性能及可伸缩性的数据库应用程序
    </title>
    <authors>
```

```
        <author>John Goodson</author>
        <author>Robert A. Steward</author>
        <translator>王德才</translator>
    </authors>
    <press>清华大学出版社</press>
</book>
```

如果使元素<translator>具有和<author>相同的含义，则可以定义如例 6.16 所示的
XML Schema。

[例 6.16]   book_sub.xsd

```
<?xml version = "1.0"?>
<xsd:schema xmlns:xsd = "http://www.w3.org/2001/XMLSchema">
    <xsd:element name = "title" type = "xsd:string" />
    <xsd:element name = "translator" type = "xsd:string"
                    substitutionGroup = "author" />
    <xsd:element name = "author" type = "xsd:string" />
    <xsd:element name = "press" type = "xsd:string" />
    <xsd:element name = "book">
        <xsd:complexType>
            <xsd:sequence>
                <xsd:element ref = "title" />
                <xsd:element name = "authors">
                    <xsd:complexType>
                        <xsd:sequence>
                            <xsd:element ref = "author"
                                    minOccurs = "1"
                                    maxOccurs = "unbounded" />
                        </xsd:sequence>
                    </xsd:complexType>
                </xsd:element>
                <xsd:element ref = "press" />
            </xsd:sequence>
        </xsd:complexType>
    </xsd:element>
</xsd:schema>
```

6.4.3 声明属性

属性声明用于定义属性，并使之与某个特定的元素相关联。在 XSDL 中，实现的方
法是使用 attribute 标签。在 XML Schema 文档中可以按照声明元素的方法来声明属性，
但受限制的程度较高，只能是简单类型，只能包含文本，且没有子属性。属性是没有顺
序的，而元素则是有顺序的。使用属性十分简练，一般情况下元素的功能比属性强大，
但在某些场合，属性是非常有用的。关于如何使用元素和属性，请参考 6.2 节。

1. 属性的声明语法

定义属性的方法如下。

```
<xsd:attribute name = "isbn" type = "xsd:string" />
```

上述语句定义了一个名称为 isbn 的属性，数据类型是 string。

属性也分为全局属性和局部属性。全局声明的属性是 schema 元素的子元素，在整个 XML Schema 文档中必须是唯一的。在复杂类型的元素声明中可以使用 ref 属性引用已经声明的指定名称的属性。局部属性声明只出现在复杂类型定义中，仅能在声明属性的类型中使用，而不能被其他类型重用。例 6.17 显示了属性 isbn 的全局声明，然后定义了复杂类型，使用 ref 属性通过名称来引用这个属性。

[例 6.17] book_isbn.xsd

```
<?xml version = "1.0"?>
<xsd:schema xmlns:xsd = "http://www.w3.org/2001/XMLSchema">
    <xsd:element name = "title" type = "xsd:string" />
    <xsd:element name = "author" type = "xsd:string" />
    <xsd:element name = "press" type = "xsd:string" />
    <xsd:attribute name = "isbn" type = "xsd:string" />
    <xsd:element name = "book">
        <xsd:complexType>
            <xsd:sequence>
                <xsd:element ref = "title" />
                <xsd:element name = "authors">
                    <xsd:complexType>
                        <xsd:sequence>
                            <xsd:element ref = "author"
                                       minOccurs = "1"
                                       maxOccurs = "unbounded" />
                        </xsd:sequence>
                    </xsd:complexType>
                </xsd:element>
                <xsd:element ref = "press" />
                <xsd:element ref = "price" />
            </xsd:sequence>
            <xsd:attribute ref = "isbn" use = "required" />
        </xsd:complexType>
    </xsd:element>
</xsd:schema>
```

需要特别注意的是，在例 6.17 的 XML Schema 定义中，在定义名称为 book 的复杂类型的元素时，该复杂元素既有多个子元素，同时又具有名称为 isbn 的属性，此时需要先定义其子元素信息，最后定义其属性信息，这是由 XML Schema 标准定义的。

符合例 6.17 中 XML Schema 定义的 XML 文档如例 6.18 所示。

[例 6.18]　book_isbn.xml

```
<?xml version = "1.0" encoding = "UTF-8" ?>
<book  xmlns:xsi = "http://www.w3.org/2001/XMLSchema-instance"
      xsi:noNamespaceSchemaLocation = "book_isbn.xsd"
      isbn = "9787302489078">
    <title>Java 面向对象程序设计</title>
    <authors>
        <author>孙连英</author>
        <author>刘畅</author>
        <author>彭涛</author>
    </authors>
    <press>清华大学出版社</press>
    <price>45.00</price>
</book>
```

所有的属性声明都把属性指定为某种简单类型。所有的属性都必须是简单类型而不是复杂类型，因为它们本身不能有子元素，也不能有属性。

2. 属性值的约束

属性声明可以有以下三种方式。

（1）在属性声明时使用 type 属性指定其数据类型，属性的数据类型可以是 XML Schema 的内置类型，也可以是用户自定义类型。

（2）通过指定 simpleType 子属性来指定匿名类型。

（3）既没有 type 属性，又没有 simpleType 子属性，从而不指定特定类型。在这种情况下，属性的类型为 anySimpleType，它可以拥有任何值，只要是结构良好的 XML 文档。

如果要指定 isbn 的属性值必须是 13 位，则可以通过上述三种方式的第二种，对已有的 string 类型进行长度的限制，新的 XML Schema 如例 6.19 所示。

[例 6.19]　book_isbn_length.xsd

```
<?xml version = "1.0"?>
<xsd:schema xmlns:xsd = "http://www.w3.org/2001/XMLSchema">
    <xsd:element name = "title"   type = "xsd:string" />
    <xsd:element name = "author"  type = "xsd:string" />
    <xsd:element name = "press"   type = "xsd:string" />
    <xsd:attribute name = "isbn" >
        <xsd:simpleType>
            <xsd:restriction base = "xsd:string">
                <xsd:length value = "13" />
            </xsd:restriction>
        </xsd:simpleType>
```

```
            </xsd:attribute>
            <xsd:element name = "book">
                <xsd:complexType>
                    <xsd:sequence>
                        <xsd:element ref = "title" />
                        <xsd:element name = "authors">
                            <xsd:complexType>
                                <xsd:sequence>
                                    <xsd:element ref = "author"
                                            minOccurs = "1"
                                            maxOccurs = "unbounded" />
                                </xsd:sequence>
                            </xsd:complexType>
                        </xsd:element>
                        <xsd:element ref = "press" />
                    </xsd:sequence>
                    <xsd:attribute ref = "isbn" use = "required" />
                </xsd:complexType>
            </xsd:element>
</xsd:schema>
```

如果 XML 文档中 isbn 属性的长度不是 13 位,使用 XMLSpy 验证有效性,得到的错误信息如图 6.4 所示。

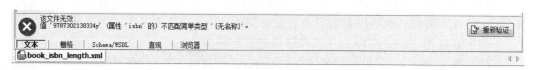

图 6.4　isbn 属性长度不符合 XML Schema 规定时产生的错误信息

对于属性来说,也可以通过设置默认值和固定值的方式增加未出现的属性来扩充实例。定义和扩充的方式与元素一致。在 XSDL 中,默认值和固定值分别通过 default 和 fixed 属性设置,这两个属性只能出现其中之一,它们是互斥的。

如果属性在元素中没有声明,则该属性的默认值将会被填入;如果属性声明了,且包含给定值,则该属性将保持该值不变。下面的例子显示了 book 元素的声明,它包含一个属性 amount,该属性被指定了默认值。

```
<xsd:element name = "book">
    <xsd:complexType>
        <xsd:attribute name = "amount" type = "xsd:integer"
                        default = "100" />
    </xsd:complexType>
</xsd:element>
```

6.5 XML 解析

XML 文件可以作为应用程序的数据来源，因此从 XML 文件中提取所需要的数据就变得十分关键。另一方面，有些时候也需要把数据写到 XML 文件中，而这些操作也需要借助 XML 解析器来进行。XML 解析器是 XML 和应用程序之间的一个中介程序，目的是为应用程序从 XML 文件中解析出所需要的数据。XML 解析器有两种类型：基于 DOM 的解析器和基于 SAX 的解析器。在前几节的示例程序中，曾多次用到了 DOM 解析器，本节将简单介绍基于 DOM 的解析器。

基于 DOM 的解析器称为 DOM 解析器。DOM 解析器解析 XML 文件的最大特点是把整个 XML 文件加载到内存中，在内存中形成一个与 XML 文件树状结构相对应的节点树，然后再依据节点的父子关系访问数据。通过 DOM 解析器处理 XML 文件的速度较快，但也比较消耗系统的资源（主要是内存），比较适合结构复杂但内存占用量相对较小的 XML 文件。

6.5.1 DOM 解析器

DOM 是 Document Object Model（文档对象模型）的缩写，和 XML 一样，也是 W3C 制定的一套规范。根据 DOM 规范（http://www.w3.org/ DOM/），DOM 是一种与浏览器、平台、编程语言无关的接口。各种编程语言可以按照 DOM 规范去实现这些接口，并给出解析文件的解析器实现。DOM 规范中所指的文件相当广泛，其中包括 XML 文件和 HTML 文件。

W3C 在 1998 年 8 月通过了 DOM 的第一个版本（Level 1），Level 1 包括对 XML 1.0 和 HTML 的支持，每种 HTML 元素可以被表示为一个接口。Level 1 还包括用于添加、编辑、移动和读取节点中包含的信息的方法等，但是，没有包括对 XML 命名空间的支持。

2000 年 3 月，W3C 公布了 DOM 的第二个版本（Level 2），Level 2 包括更广泛的 W3C 推荐技术，比如级联样式单（CSS）和 XML 命名空间。

本节使用的是 DOM 的第三个版本（Level 3），Level 3 包括对创建 Document 对象的更好支持和增强的命名空间支持，以及用于处理文档加载、保存、验证、XPath 等新模块。

本节主要介绍 DOM 解析器，该解析器是支持 Level 3 规范的解析器。在认识 DOM 解析器之前，首先要区分 DOM 解析器和另外两种解析器（JDOM 和 DOM4J）。

其中，DOM 使用与平台和编程语言无关的方式表示 XML 文档的官方 W3C 标准。JDOM 是 Java 特定文档模型，它简化了与 XML 的交互，并且解析速度比 DOM 更快。JDOM 与 DOM 主要有两方面不同：第一，JDOM 仅使用具体类而不使用接口，这在某些方面简化了 API，但是也限制了它的灵活性；第二，API 大量使用了 Java Collections 类，这更加方便了那些熟悉这些类的 Java 开发者的使用。JDOM 自身不包含解析器，通常使用 SAX2 解析器来解析和验证输入的 XML 文档。另一种解析器 DOM4J 最初是 JDOM 的一种智能分支，它合并了许多超出基本 XML 文档表示的功能，包括继承的 XPath

支持、XML Schema 的支持以及用于大文档或文档流的基于事件的处理；还提供了构建文档表示的选项，通过 DOM4J API 和标准 DOM 接口；还具有并行访问功能。DOM4J 大量使用了 Java API 中的 Collections 类，虽然为此 DOM4J 付出了更复杂的 API 的代价，但是具有了比 JDOM 大得多的灵活性。

JDK 1.6 中包含 DOM 解析器解析 XML 文件所需要的 API（Java API For XML Parsing, JAXP），JAXP 实现了 DOM 规范的 Java 语言绑定。在 JAXP 中，DOM 解析器是一个 DocumentBuilder 类的实例。下面介绍如何创建一个 DOM 解析器，主要步骤如下。

（1）创建一个解析工厂，利用这个工厂来获得一个具体的解析器对象，代码如下。

```
DocumentBuilderFactory factory = null;
factory = DocumentBuilderFactory.newInstance();
```

使用 DocumentBuilderFactory 的目的是创建与具体解析器无关的程序，当 Document BuilderFactory 类的静态方法 newInstance() 被调用时，解析工厂将根据系统变量的值来决定具体使用哪一种解析器。

（2）通过 factory 对象调用它的静态方法 newDocumentBuilder() 以获得一个 DocumentBuilder 对象，这个对象就是 DOM 解析器，代码如下。

```
DocumentBuilder builder = null;
builder = factory.newDocumentBuilder();
```

DocumentBuilderFactory 类和 DocumentBuilder 类都包含在 javax.xml.parsers 包中。当获得了一个 DocumentBuilder 类的对象（DOM 解析器）之后，就可以调用该对象的 public Document parse(File file) 方法来解析文件。解析的内容以对象的形式返回，该对象是实现了 Document 接口的一个实例，称为 Document 实例对象，代码如下。

```
Document document = null;
document = builder.parse(new File(XML_FILE_PATH));
```

Document 接口在 org.w3c.dom 包中。如果想让创建的 DOM 解析器支持名称空间，则需要调用 factory 对象的 setNamespaceAware(boolean b) 方法，代码如下。

```
factory.setNamespaceAware(true);
```

如果要通过解析器检验 XML 文档是否符合相应的 DTD 定义，则需要调用 factory 对象的 setValidation(boolean b) 方法，代码如下。

```
factory.setValidation(true);
```

获得的 Document 实例对象以树状结构对应 XML 文件的各个标签，应用程序只需要分析内存中的 Document 对象就可以获得 XML 文件中的数据。

builder 对象除了可以调用 public Document parse(File file) 方法进行解析文件外，还可以调用如下两个方法进行解析文件。

```
public Document parse(InputStream in);
public Document parse(String uri);
```

其中，public Document parse(Filer file)方法可以接收一个可被解析的参数指定的 XML 文件，代码如下。

```
File xmlFile = new File("D:\\01.xml");
Document document = builder.parse(xmlFile);
```

而 public Document parse(InputStream in)方法可以接受可被解析的 XML 文件输入流，代码如下。

```
FileInputStream in = new FileInputStream("D:\\01.xml");
Document document = builder.parse(in);
```

public Document parse(String URI)方法可以接受一个由 URI 参数指定的一个有效资源，代码如下。

```
String uri = "D:\\01.xml";
Document document = builder.parse(uri);
```

Node 接口定义了一些基本的方法和属性，利用这些方法可以实现对 XML 文档的遍历，同时，通过属性还可以获得节点名称或节点类型等信息。DOM 规范中很多接口都是从 Node 接口继承而来的，如 Document、Element、Attr、CDATASection、Entity 等。在 DOM 规范中，可以把 XML 文件的每一个标签、属性、注释、文本内容等都视为节点。一个 Node 对象代表了某种类型的节点，这些节点都是从 Node 继承而来的，Node 接口定义了所有类型的节点都具有的属性和方法。

在 DOM 规范中，不同类型的节点采用不同的整数加以区分。为了保证在未来能够对节点类型进行扩充，W3C 保留了 1~200 之间的整数，以作为不同节点类型的定义值，具体对应关系如表 6.4 所示。

表 6.4　XML 的节点类型

节点类型	整数	表示常量
标签（元素）节点，Element	1	ELEMENT_NODE
属性节点，Attr	2	ATTRIBUTE_NODE
文本节点，Text	3	TEXT_NODE
CDATA 节点，CDATASection	4	CDATA_SECTION_NODE
实体引用节点，EntityReference	5	ENTITY_REFERENCE_NODE
实体节点，Entity	6	ENTITY_NODE
处理指令节点，ProcessingInstruction	7	PROCESSING_INSTRUCTION_NODE
Comment 节点	8	COMMENT_NODE
Document 节点	9	DOCUMENT_NODE
文档类型节点，DocumentType	10	DOCUMENT_TYPE_NODE
文档片段节点，DocumentFragment	11	DOCUMENT_FRAGMENT_NODE
Notation 节点	12	NOTATION_NODE

常用节点的父子关系如图 6.5 所示。

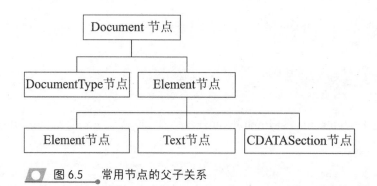

图6.5 常用节点的父子关系

节点的类型可以通过下列方法来获取。

```
short getNodeType()
```

Node 接口中包含的常用方法如表 6.5 所示。

表6.5 Node 接口中包含的方法

方 法	返回类型	功 能
getNodeName()	String	获取当前节点的名称
getNodeValue()	String	获取当前节点的值
setNodeValue(String)	void	设置当前节点的值
getNodeType()	short	获取当前节点的类型，参见表 6.1
getChildNodes()	NodeList	获取当前节点的所有子节点，返回 NodeList 对象
getFirstChild()	Node	获取当前节点的第一个子节点
getLastChild()	Node	获取当前节点的最后一个子节点
getPreviousSibling()	Node	获取当前节点的前一个兄弟节点
getNextSibling()	Node	获取当前节点的后一个兄弟节点
getParentNode()	Node	获取当前节点的父节点
getAttributes()	NamedNodeMap	获取当前节点的所有属性，返回 NamedNodeMap 对象
appendChild(Node)	Node	在当前节点的所有子节点之后添加参数指定的新节点
hasChildNodes()	boolean	判断当前节点是否有子节点
insertBefore(Node, Node)	Node	把参数 2 指定的节点插入到当前节点的子节点（参数 1）之前
removeChild(Node)	Node	从当前节点的子节点中删除参数指定的节点
replaceChild(Node, Node)	Node	使用参数 2 指定的节点替换当前节点的子节点（参数 1）
getNamespaceURI()	String	获取命名空间的 URI
hasAttributes()	boolean	判断当前节点是否有属性
getTextContent()	String	获取当前节点的文本内容
isSameNode(Node)	boolean	判断当前节点与参数指定的节点是否是同一个节点
isEqualNode(Node)	boolean	判断当前节点与参数指定的节点是否相等

NodeList 接口提供了对节点集合的抽象定义，用于表示有顺序的一组节点。NodeList 中的每一个节点都可以通过索引来访问，索引值 0 表示集合中的第一个节点。Node 接口的 getChildNodes()方法，返回类型即为 NodeList。NodeList 接口有两个常用的方法，如表 6.6 所示。

表 6.6　NodeList 接口常用的方法

方　法	返回类型	功　能
getLength()	int	返回 NodeList 集合中节点的个数
item(int)	Node	返回 NodeList 集合中参数指定的节点

如前所述，DOM 解析器的 parse 方法将整个被解析的 XML 文件封装成一个 Document 节点返回，如图 6.1 所示。应用程序可以从该节点的子孙节点中获取整个 XML 文件中数据的细节。Document 节点的各个子节点具有不同的节点类型，当然也包括 Document 节点自身，本节对 DOM 中各种类型的节点进行介绍。

1. Document 节点

Document 节点代表了整个 XML 文件，XML 文件的所有内容都被封装在一个 Document 节点中。Document 对象提供了对文档中的数据进行访问的入口，应用程序可以从该节点的子孙节点中获得整个 XML 文件的数据。

Document 类型节点的两个子节点的类型分别是 DocumentType 和 Element。DocumentType 类型节点对于 XML 文件所关联的 DTD 文件，通过 DocumentType 节点的子孙关系可以分析并获得 XML 文件所关联的 DTD 文件中的数据。Element 类型节点对应 XML 文件的标签（元素）节点，通过 Element 节点的子孙关系可以获得 XML 文件中的数据。Document 节点常用的方法如表 6.7 所示。

表 6.7　Document 节点常用的方法

方　法	返回类型	功　能
getDocumentElement()	Element	返回当前节点的 Element 子节点，即文档根元素
getDoctype()	DocumentType	返回当前节点的 DocumentType 子节点
getElementByTagname(String)	NodeList	返回一个 NodeList 对象，该对象由参数指定的节点的 Element 类型子孙节点组成
getElementByTagNameNS (String, String)	NodeList	返回一个 NodeList 对象，该对象由参数 2 指定的节点的 Element 类型子孙节点组成，该节点的命名空间由参数 1 指定
getElementById(String)	Element	返回一个 NodeList 对象，该对象由参数指定 ID 的节点的 Element 类型的子孙节点组成
getXmlEncoding()	String	返回 XML 文件使用的编码
getInputEncoding()	String	返回解析时所使用的编码
getXmlStandalone()	boolean	返回 XML 文件声明中的 standalone 属性的值
getXmlVersion()	String	返回 XML 文件声明中的 version 属性的值
setDocumentURI(String)	void	设置 DocumentURI

方　法	返回类型	功　能
setXmlVersion(Strinag)	void	设置 XML 的版本
createElement(String)	Element	创建一个 Element 节点，节点名称由参数指定
createAttribute(String)	Attr	创建一个 Attr 节点，节点名称由参数指定，然后调用 setAttributeNode()方法来设置其属性
createCDATASection(String)	CDATASection	创建一个 CDATASection 节点
createTextNode(String)	Text	创建一个具有指定内容的文本节点

下面通过例 6.20 来说明 Document 节点的部分用法。

[例 6.20] TestDocument.java

```
package cn.buu.edu.xmlparse;
import javax.xml.parsers.DocumentBuilder;
import javax.xml.parsers.DocumentBuilderFactory;
import org.w3c.dom.Document;
import org.w3c.dom.Element;
import org.w3c.dom.Node;
import org.w3c.dom.NodeList;
public class TestDocument {
    public static final String XML_FILE = "D:\\books.xml";
    public static void main(String[] args) {
        DocumentBuilderFactory factory = null;
        DocumentBuilder builder = null;
        Document document = null;
        Element root = null;
        String version = null;
        String encoding = null;
        boolean isStandalone = false;
        NodeList books = null;
        Node node = null;
        try {
            factory = DocumentBuilderFactory.newInstance();
            builder = factory.newDocumentBuilder();
            document = builder.parse(XML_FILE);
            version = document.getXmlVersion();
            encoding = document.getXmlEncoding();
            isStandalone = document.getXmlStandalone();
            root = document.getDocumentElement();
            System.out.println("该文件的版本为 " + version);
            System.out.println("该文件的编码为 " + encoding);
            System.out.println("该文件的是否独立为 "
                                + isStandalone);
            System.out.println("该文件的文档根元素为 "
```

```
                                  + root.getNodeName());
        books = root.getElementsByTagName("book");
        for (int i = 0; i <= stocks.getLength() - 1; i++) {
            node = books.item(i);
            NodeList list = node.getChildNodes();
            System.out.print(" Book " + (i+1) + ":");
            for (int j = 0; j <= list.getLength() - 1; j++) {
                if (list.item(j).getNodeType() ==
                        Node.TEXT_NODE) continue;
                System.out.print("\n\t"
                        + list.item(j).getNodeName() + ":"
                        + list.item(j).getTextContent());
            }
            System.out.println();
        }
    }
    catch (Exception e) {
        System.err.println(e);
        e.printStackTrace();
    }
  }
}
```

该程序运行的结果如图 6.6 所示。

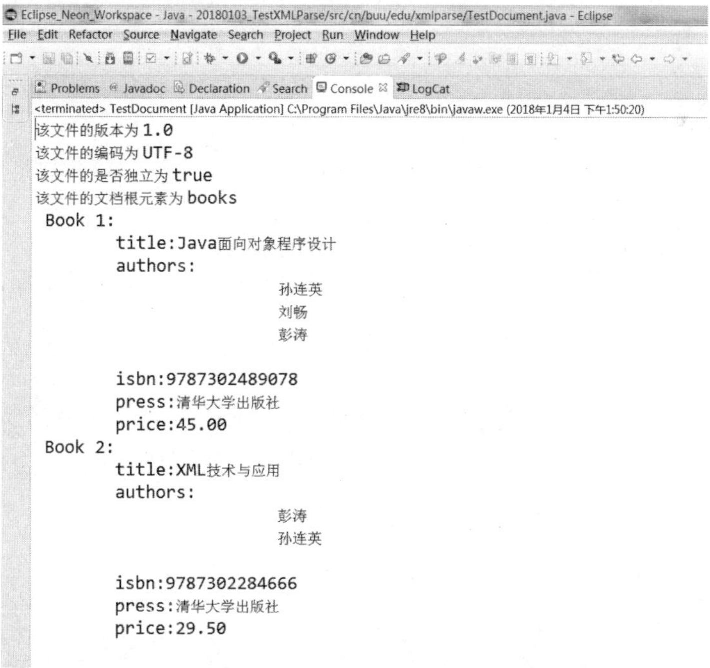

图 6.6　Document 示例程序运行结果

2. Element 节点

Element 节点是 Document 节点的最重要的子节点，因为被解析的 XML 文件的标签（即元素）对应着这种类型的节点。表示 Element 节点的常量为 Node.ELEMENT_NODE。一个节点使用 short getNodeType() 方法返回的值等于 Node.ELEMENT_NODE，那么该节点就是 Element 节点。Element 节点常用的方法如表 6.8 所示。

表 6.8　Element 节点常用的方法

方　法	返回类型	功　能
getTagName()	String	获取 Element 节点的标签名称
getAttribute(String)	String	获取 Element 节点的参数指定的属性名称的属性值
setAttribute(String, String)	void	使用参数 2，设置 Element 节点中参数 1 指定的属性名称的属性值
removeAttribute(String)	void	删除 Element 节点中参数指定的属性名称的属性
getAttributeNode(String)	Attr	获取 Element 节点中参数指定的属性名称的 Attr 节点
setAttributeNode(Attr)	Attr	使用参数设置 Element 节点中的属性
removeAttributeNode(Attr)	Attr	删除 Element 节点中参数指定的属性
getElementsByTagName(String)	NodeList	获取 Element 节点中参数指定的标签名称的 Element 集合
getAttributeNS(String, String)	String	获取参数 1 指定的命名空间、参数 2 指定的属性名称的属性值
setAttributeNS(String, String, String)	void	使用参数 3 设置参数 1 指定的命名空间、参数 2 指定的属性名称的属性值
removeAttributeNS(String, String)	void	删除参数 1 指定的命名空间、参数 2 指定的属性名称的属性
getAttributeNodeNS(String, String)	Attr	返回参数 1 指定的命名空间、参数 2 指定的属性名称的 Attr 节点
setAttributeNodeNS(Attr)	Attr	使用参数设置 Element 节点中的参数
getElementsByTagNameNS (String, String)	NodeList	获取 Element 节点中参数 1 指定的命名空间、参数 2 指定的标签名称的 Element 集合
hasAttribute(String)	boolean	判断当前 Element 节点是否具有参数指定的属性
hasAttributeNS(String, String)	boolean	判断当前 Element 节点是否具有参数 1 指定的命名空间、参数 2 指定的属性名称的属性

下面通过例 6.21 来说明 Element 节点的部分用法。

[例 6.21]　TestElement.java

```
package cn.buu.edu.xmlparse;
import javax.xml.parsers.DocumentBuilder;
import javax.xml.parsers.DocumentBuilderFactory;
```

```
import org.w3c.dom.Document;
import org.w3c.dom.Element;
import org.w3c.dom.Node;
import org.w3c.dom.NodeList;
public class TestElement {
    public static final String XML_FILE = "D:\\books.xml";
    public static void main(String[] args) {
        DocumentBuilderFactory factory = null;
        DocumentBuilder builder = null;
        Document document = null;
        Element root = null;
        NodeList books = null;
        Node node = null;
        Element element = null;
        try {
            factory = DocumentBuilderFactory.newInstance();
            builder = factory.newDocumentBuilder();
            document = builder.parse(XML_FILE);
            root = document.getDocumentElement();
            books = root.getElementsByTagName("book");
            for (int i = 0; i <= books.getLength() - 1; i++) {
                node = books.item(i);
                NodeList list = node.getChildNodes();
                System.out.println("\n book " + (i+1) + ":");
                for (int j = 0; j <= list.getLength() - 1; j++) {
                    node = list.item(j);
                    // if (node.getNodeType() ==
                                Node.ELEMENT_NODE) {
                    if (node instanceof Element) {
                        element = (Element) node;
                        System.out.print("\n\t"
                                    + element.getTagName() + ":"
                                    + element.getTextContent());
                    }
                }
            }
        }
        catch (Exception e) {
            System.err.println(e);
            e.printStackTrace();
        }
    }
}
```

例 6.21 的运行结果如图 6.7 所示。

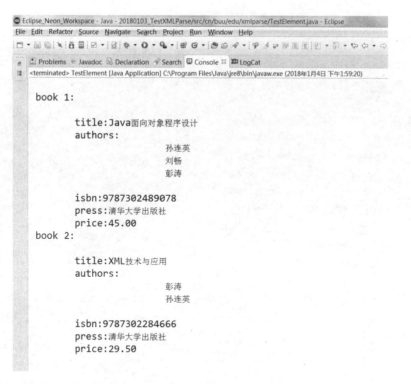

图 6.7 Element 示例程序运行结果

上述示例程序中，判断 node 类型的代码：

```
if (node.getNodeType() == Node.ELEMENT_NODE) {
```

也可以写成如下形式：

```
if (node instanceof Element) {
```

代码 element = (Element) node;的目的是进行下溯造型，因为接口 Element 是接口 Node 的子接口。在进行下溯造型之前，需要进行类型的判断。判断时，既可以通过 node 的 getNodeType()方法的返回值，也可以通过 Java 语言用于类型判断的关键字 instanceof。

3. Text 节点

格式良好的 XML 文件的非空标签可以包含子标签和文本内容。在 DOM 规范中，解析器使用 Element 节点封装标签，使用 Text 节点封装标签的文本内容，即 Element 节点可以有 Element 子节点和 Text 节点。例如，对于下列内容：

[例 6.22] book.xml

```
<?xml version = "1.0" encoding = "UTF-8" standalone = "yes" ?>
<!-- 这是一个关于书籍信息的文档 -->
<book>
    <title>Java 面向对象程序设计</title >
```

```
    <authors>
        <author>孙连英</author>
        <author>刘畅</author>
        <author>彭涛</author>
    </authors>
    <isbn>9787302489078</isbn>
    <press>清华大学出版社</press>
    <price>45.00</price>
</book>
```

如果包含这些空白字符，那么该 XML 文档的树状结构中就会包含这些空白字符，这些空白字符和 title 等 4 个 Element 一样，是文档根元素 Stock 的直接子节点。

表示 Text 节点类型的常量是 Node.TEXT_NODE。对一个节点调用 short getNodeType() 方法，如果返回值为 Node.TEXT_NODE，那么该节点就是 Text 节点。对于 Text 节点，调用 String getNodeName() 方法返回值为 "#text"。例 6.23 为处理图书 XML 文档的 Java 程序，其中展示了 Text 节点的部分方法。运行结果如图 6.8 所示。

[例 6.23] TestText.java

```java
package cn.buu.edu.xmlparse;
import javax.xml.parsers.DocumentBuilder;
import javax.xml.parsers.DocumentBuilderFactory;
import org.w3c.dom.Document;
import org.w3c.dom.Element;
import org.w3c.dom.Node;
import org.w3c.dom.NodeList;
import org.w3c.dom.Text;
public class TestText {
    public static final String XML_FILE = "D:\\book.xml";
    public static void main(String[] args) {
        DocumentBuilderFactory factory = null;
        DocumentBuilder builder = null;
        Document document = null;
        Element book = null;
        NodeList items = null;
        Node node = null;
        Element element = null;
        Text text = null;
        NodeList list = null;
        try {
            factory = DocumentBuilderFactory.newInstance();
            builder = factory.newDocumentBuilder();
            document = builder.parse(XML_FILE);
            // 代表文档根元素 book
            book = document.getDocumentElement();
            items = stock.getChildNodes();
```

```java
            System.out.printf("\nElement Book 共有 %d 个子节点",
                                              items.getLength());
        for (int i = 0; i <= items.getLength()-1; i++) {
            node = items.item(i);
            System.out.printf("\n 第 %d 个直接子节点, ",
                                        (i+1));
            if (node.getNodeType() == Node.ELEMENT_NODE) {
                element = (Element)node;
                System.out.printf(" Element 节点, 标签名称为 %s,
                        \t", element.getTagName());
                list = element.getChildNodes();
                for (int j = 0; j <= list.getLength()-1; j++){
                    Node child = list.item(j);
                    if (child.getNodeType() ==
                                Node.TEXT_NODE ) {
                        text = (Text)child;
                        System.out.printf("包含的文本内容
                            为 %s", text.getWholeText());
                    }
                    else if (child.getNodeType() ==
                                    Node.ELEMENT_NODE) {
                        Element childElement =
                                        (Element)child;
                        System.out.printf("%s -> %s\t\n",
                            childElement.getTagName(),
                            childElement.getTextContent());
                    }
                }
            }
            else if (node.getNodeType() == Node.TEXT_NODE) {
                text = (Text) node;
                System.out.printf(" Text 节点, 长度为 %d, 内容
                        为 %s",
                        text.getTextContent().length(),
                        text.getTextContent());
            }
        }
    }
    catch (Exception e) {
        System.err.println(e);
        e.printStackTrace();
    }
    }
}
```

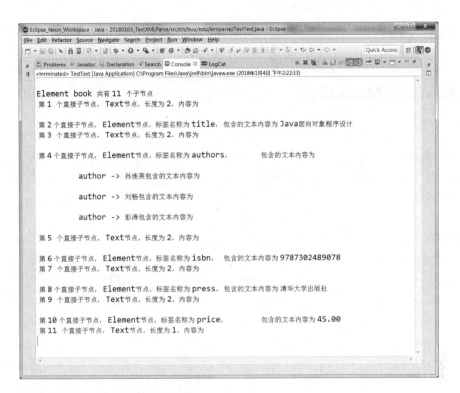

图 6.8　例 6.23 的运行结果

　　需要注意的是，例 6.24 中的 XML 文档从文档根元素 book 开始，没有包含用于美观的空白，包括换行和制表符。运行结果如图 6.9 所示。

[例 6.24]　book.xml

```
<?xml version = "1.0" encoding = "UTF-8" standalone = "yes" ?>
<!-- 这是一个关于书籍信息的文档 -->
<book><title>Java 面向对象程序设计</title><authors><author>孙连英
</author><author>刘畅</author><author>彭涛</author></authors>
<isbn>9787302489078</isbn><press>清华大学出版社</press><price>
45.00</price></book>
```

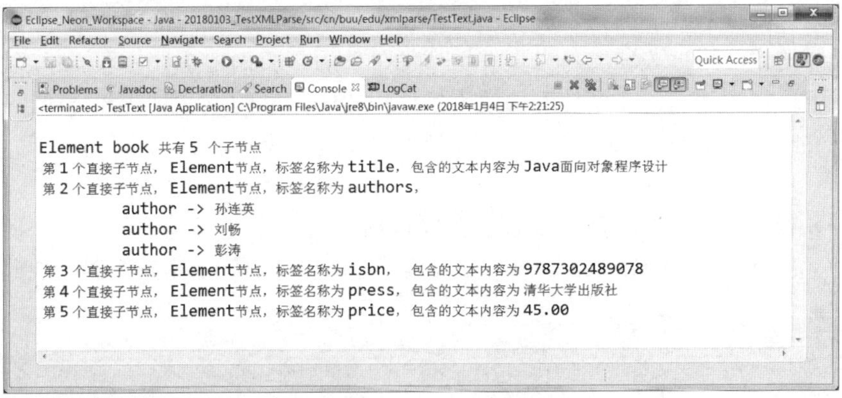

图 6.9　TestText 程序运行结果

对于应用程序而言，Text 节点是比较重要的节点，因为 Text 节点中包含 XML 标签中的文本数据，这也是应用程序通过 XML 解析器需要获取的主要内容。

6.5.2 SAX 解析器

SAX 解析器提供了对 XML 文档内容的有效访问。与 DOM 解析器相比，SAX 解析器具有更好的性能优势。SAX 解析器最大的优点是内存消耗小，因为它不像 DOM 解析器那样一次把整个 XML 文档都加载到内存中，不会在内存中建立一个与 XML 文件相对应的树状结构。SAX 解析器采用基于事件驱动的处理模式，在任何时刻只分析 XML 文件的某一部分，因此 SAX 解析器可以解析大于系统内存的 XML 文档。

SAX（Simple API for XML）也是解析 XML 的一种规范，但不是 W3C 的推荐标准。SAX 是开放源代码的规范，由一系列接口组成。SAX 最初由 David Megginson 采用 Java 语言开发而成，后来参与 SAX 开发的程序员越来越多，在 Internet 上组成了 XML_DEV 社区。1998 年 5 月，XML_DEV 社区正式发布了 SAX 1.0 版，目前最新的版本是 2.0。在 SAX 2.0 版本中增加了对命名空间的支持，而且该版本还可以设置解析器是否对 XML 文档进行有效性验证，以及怎样处理带有命名空间的元素名称等功能。SAX 2.0 中还有一个内置的过滤机制，可以很轻松地输出一个 XML 文档子集或进行简单的文档转换。SAX 2.0 版本在许多地方不兼容 1.0 版本，而且 SAX 1.0 中的接口在 SAX 2.0 中已经不再使用。

SAX API 由两个包构成：包 org.xml.sax 和包 org.xml.sax.helper。其中，org.xml.sax 包主要定义了 SAX 的一些基础接口，如 XMLReader、ContentHandler、ErrorHandler、DTDHandler、EntityResolver 等；org.xml.sax.helper 包提供了一些方便开发人员使用的辅助类，如默认实现了所有事件处理接口的辅助类 DefaultHandler、方便开发人员创建 XMLReader 的工厂类 XMLReaderFactory 等。

本节主要介绍如何使用 SAX 2.0 进行 XML 文档处理，JDK 1.6 中提供了 SAX 的 API，其中，SAX 解析器是 Java 语言版本。

SAX 解析器是一种基于事件的解析器，核心是事件处理模式。基于事件的处理模式主要是围绕着事件源以及事件处理器来工作的。一个可以产生事件的对象称为事件源，针对事件进行处理的对象称为事件处理器。在事件源中，事件和事件处理器是通过注册事件处理器的方法进行关联的。当事件源产生事件后，会调用事件处理器相应的方法，该事件就可以得到处理。在事件源调用事件处理器中相应的方法时，会传递给事件处理器相应事件的相关状态信息，这样，事件处理器就能根据接收到的事件状态信息来进行处理。

利用 SAX 解析器处理 XML 文件，主要包括下列步骤。

（1）实例化一个 XMLReader 类型的对象，该对象就是 SAX 解析器，代码如下。

```
XMLReader xmlReader = null;
xmlReader = XMLReaderFactory.createXMLReader();
```

上述代码中，调用 XMLReaderFactory 类的静态方法 createXMLReader()得到了 SAX

解析器。XMLReaderFactory 类还有另外一个静态方法：

```
public static XMLReader createXMLReader (String className)
                        throws SAXException
```

这个方法可以指定要创建的 SAX 解析器的类的全名，例如 org.apache.xerces.parsers.
SAXParser。Xerces 是由 Apache 组织所推动的一项 XML 文档解析开源项目，目前有多
种语言版本，除 Java 外还包括 C++、Perl 等语言。如果调用的是无参数的
createXMLReader()方法，则默认创建的 SAX 解析器其类型为 com.sun.org.apache.xerces.
internal.parsers. SAXParser，该类在 JDK 1.6 安装之后的 rt.jar 中。

（2）创建事件处理器对象，并把该对象与 xmlReader 对象相关联。

```
StockXmlHandler handler = null;
handler = new StockXmlHandler();
xmlReader.setContentHandler(handler);
xmlReader.setDTDHandler(handler);
xmlReader.setErrorHandler(handler);
```

在上述代码中，类 StockXmlHandler 是自定义的类，其父类是 DefaultHandler。类
DefaultHandler 属于 org.xml.sax.helper 包，该类或其子类的对象就是 SAX 解析器的事件
处理器。

（3）通过 XMLReader 类型的对象 xmlReader 调用 parse 方法即可解析 XML 文件，
代码如下。

```
xmlReader.parse(File xmlFile);
```

一旦调用了 parse 方法，SAX 解析器就开始解析指定的 XML 文件。SAX 解析器在
解析 XML 文件时，将所有产生的事件报告给已经指定的事件处理器，该事件处理器就
会对这个事件进行相应的处理。事件处理器处理事件是逐个进行处理的，SAX 解析器必
须等待事件处理器处理完成当前事件之后才能继续解析 XML 文件，并报告下一个事件。
因此当事件处理器正在处理事件时，SAX 解析器处于阻塞状态。已经处理完的事件不需
要继续存储在内存中，其占用的资源会得以释放，因此，SAX 解析器占用的资源较少，
可以用来处理较大的 XML 文件。这一点是 SAX 解析器优于 DOM 解析器的一个方面，
也是 SAX 解析器最大的优点。

习题 6

1. 简要说明 XML 的设计目标与特点。
2. 简要说明 DTD 的作用，并举例说明其语法特点。
3. 简要说明 XML Schema 的作用，并举例说明其语法特点。
4. 编写程序，解析第 5 章中的 Hibernate 连接数据库配置文件（例 5.3 hibernate.cfg.xml）。

第 7 章

JSON 技术

JSON 是一种轻量级的数据存储和数据交换格式,在 Internet 和网络数据交换领域使用极其广泛。本章介绍了 JSON 的语法,通过实例程序对使用 Java 语言处理 JSON 数据进行了详细讲解,包括单个对象和 JSON 数据之间的双向转换、多个对象和 JSON 数据之间的双向转换。

7.1 JSON 的语法

JSON（JavaScript Object Notation）是一种轻量级的数据交换格式，易于人阅读和编写，同时也易于机器解析和生成。它基于 JavaScript Programming Language, Standard ECMA-262 3rd Edition - December 1999 的一个子集。JSON 采用完全独立于语言的文本格式，但是也使用了类似于 C 语言家族的习惯（包括 C、C++、C#、Java、JavaScript、Perl、Python 等）。这些特性使 JSON 成为理想的数据交换语言。

JSON 建构于以下两种结构。

❑ "名称/值"对的集合。不同的语言中，它被理解为对象（object）、记录（record）、结构体（struct）、字典（dictionary）、哈希表（hash table）、有键列表（keyed list）或者关联数组（associative array）。

❑ 值的有序列表。在大部分语言中，它被理解为数组（array）。这些都是常见的数据结构。事实上，大部分计算机语言都以某种形式支持它们。这使得同一种数据格式在不同的编程语言之间交换成为可能。

与 XML 一样，JSON 也是基于纯文本的数据格式。由于 JSON 天生是为 JavaScript 准备的，因此 JSON 的数据格式非常简单。可以用 JSON 传输一个简单的 String、Number、Boolean，也可以传输一个数组，或者一个复杂的 Object 对象。String、Number 和 Boolean 使用 JSON 表示非常简单。例如，使用 JSON 来表示一个字符串 "abc"，格式为"abc"。JSON 具有以下这些形式。

1. 对象

对象是一个无序的"名称/值对"集合。一个对象以"{"开始，"}"结束。每个"名称"后跟一个"："，"名称/值对"之间使用"，"分隔。

JSON 中对象的存储方式如下。

```
object
    { }
    {members}
members
    pair
    pair, members
pair
    string : value
```

2. 数组

数组是值（value）的有序集合。一个数组以"["开始、"]"结束。值之间使用"，"分隔。

JSON 中数组的存储方式如下。

```
array
    []
    [ elements ]
elements
    value
    value, elements
```

3. 单一值

值（value）可以是双引号括起来的字符串（string）、数值(number)、true、false、null、对象（object）或者数组（array）。这些结构可以嵌套。

JSON 中单一值的存储方式如下。

```
value
    string
    number
    object
    array
    true
    false
    null
```

4. 字符串

字符串（string）是由双引号包围的任意数量 Unicode 字符的集合，使用反斜线转义。一个字符（character）即一个单独的字符串（character string）。除了字符 "，\，/ 和一些控制符（\b，\f，\n，\r，\t）需要编码外，其他 Unicode 字符可以直接输出。字符串（string）与 C 或者 Java 中的字符串非常相似。

JSON 中字符串的存储方式如下。

```
String
    ""
    " chars "
chars
    char
    char chars
char
    \"
    \\
    \/
    \b
    \f
    \n
    \r
    \t
```

5. 数值

数值（number）也与 C 或者 Java 的数值非常相似，除去未曾使用的八进制与十六进制格式，除去一些编码细节。

JSON 中数值的存储方式如下。

```
Number
      int
      int frac
      int exp
      int frac exp
int
      digit
      digit 1-9 digits
      -   Digit
      -   digit 1-9 digits
frac
      .digits
exp
      e digits
digits
      digit
      digit digits
e
      e
      e+
      e-
      E
      E+
      E-
```

Object 对象在 JSON 中是用 { } 包含一系列无序的 Key-Value 键值对表示的，实际上此处的 Object 相当于 Java 中的 Map<String, Object>，而不是 Java 的 class。注意 Key 只能用 String 表示。例如，一个 Book 对象包含如下 Key-Value。

```
title:Java 面向对象程序设计
authors:孙连英，刘畅，彭涛
isbn: 9787302489078
press:清华大学出版社
price:45.00
date: 2017-12-01
```

用 JSON 表示如下。

```
{"title" : "Java面向对象程序设计", "authors" : "孙连英, 刘畅, 彭涛", "isbn" :
"9787302489078", "press" : "清华大学出版社", "price" : "45.00", "date" :
"2017-12-01"}
```

其中，Value 也可以是另一个 Object 或者数组，因此，复杂的 Object 可以嵌套表示，例如，一个 Author 对象包含 name 和 address 对象，如下所示。

```
{
    "name" : "Peter",
    "address" : {
                "city" : "Beijing",
                "district" : "Chaoyang District",
                "street" : " Beisihuan East Road",
                "postcode" : "100101"
    }
}
```

7.2 JSON 解析

目前已有一些开放源代码的 JSON 解析库可用，其中使用比较广泛的是 Google 公司的 Gson。本章程序使用的 Gson 版本为 2.7。

7.2.1 解析单个对象

Gson 中的类 Gson，提供了 JSON 字符串和 POJO 对象之间的转换函数：

```
String toJson(Object obj);
Object fromJson(String jsonString);
```

通过调用上述函数，即可完成 JSON 字符串和 POJO 对象之间的双向转换，如例 7.1～例 7.3 所示。

[例 7.1] BookBean.java

```
package cn.buu.edu.jsonparse;
import java.util.List;
public class BookBean {
    private String title;
    private List<String> authors;
    private String isbn;
    private String press;
    private double price;
    // 省略了 getter 和 setter 方法
    @Override
    public String toString() {
```

```
        String bookString = "";
        bookString += "书名: " + this.getTitle();
        bookString += "\n\t 作者: " + this.getAuthors();
        bookString += "\n\t ISBN: " + this.getIsbn();
        bookString += "\n\t 出版社: " + this.getPress();
        bookString += "\n\t 价格: " + this.getPrice();
        return bookString;
    }
}
```

[例 7.2]　TestObject2JsonString.java

```
package cn.buu.edu.jsonparse;
import java.util.ArrayList;
import java.util.List;
import com.google.gson.Gson;
public class TestObject2JsonString {
    public static void main(String[] args) {
        BookBean book = new BookBean();
        book.setTitle("Java 面向对象程序设计");
        List<String> authors = new ArrayList<String>();
        authors.add("孙连英");
        authors.add("刘畅");
        authors.add("彭涛");
        book.setAuthors(authors);
        book.setPress("清华大学出版社");
        book.setIsbn("9787302489078");
        book.setPrice(45.00);
        Gson gson = new Gson();
        String jsonString = gson.toJson(book);
        System.out.println(jsonString);
    }
}
```

[例 7.3]　TestJsonString2Object.java

```
package cn.buu.edu.jsonparse;
import com.google.gson.Gson;
public class TestJsonString2Object {
    public static void main(String[] args) {
        String jsonString = "{\"title\":\"Java 面向对象程序设计\","
            + "\"authors\":[\"孙连英\",\"刘畅\",\"彭涛\"],"
            + "\"isbn\":\"9787302489078\","
            + "\"press\":\"清华大学出版社\","
            + "\"price\":\"45.0\"}";
        Gson gson = new Gson();
```

```
            BookBean book = gson.fromJson
                            (jsonString, BookBean.class);
        System.out.println(book.getTitle());
        System.out.println(book.getAuthors());
        System.out.println(book.getIsbn());
        System.out.println(book.getPress());
        System.out.println(book.getPrice());
    }
}
```

在新建了 Gson 对象之后，调用该对象的 **toJson** 方法即可把实体类对象转换为符合 JSON 语法的字符串，该方法的参数就是需要转换的实体类对象。例 7.2 的运行结果如图 7.1 所示。例 7.3 的运行结果如图 7.2 所示。

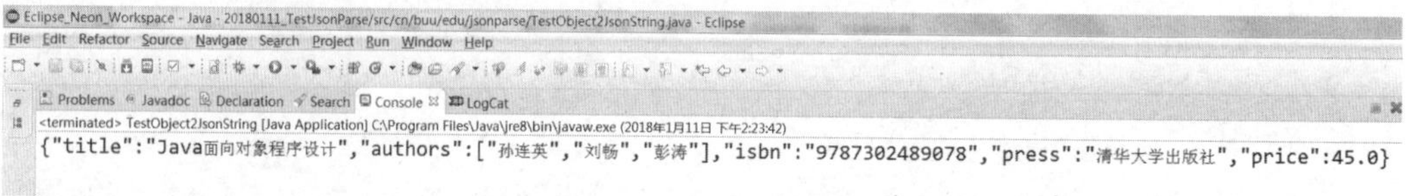

図 7.1　把实体类对象转换为 JSON 字符串

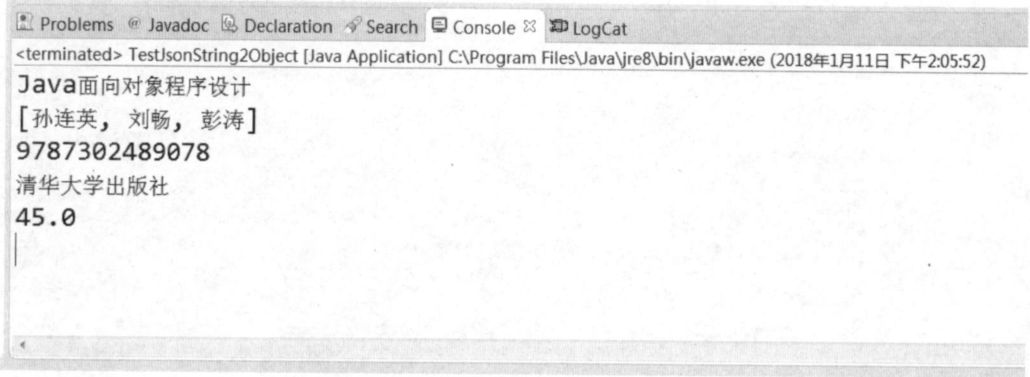

図 7.2　把 JSON 字符串转换为实体类对象

7.2.2　解析对象数组

如果是一个包含多个对象的对象数组数据，解析原理与解析单个对象类似，但是不能使用 POJO 类的.class 作为解析类型，此时一般需要使用某种集合类的对象。本节使用了 List 接口、ArrayList 和 LinkedList 类来进行多个对象的存储，如例 7.4 和例 7.5 所示，运行结果如图 7.3 所示。

[例 7.4]　TestObjectCollection2JsonString.java

```
package cn.buu.edu.jsonparse;
import java.util.ArrayList;
```

```
import java.util.List;
import com.google.gson.Gson;
public class TestObjectCollection2JsonString {
    public static void main(String[] args) {
        List<BookBean> books = new ArrayList<BookBean>();

        BookBean bookJava = new BookBean();
        bookJava.setTitle("Java 面向对象程序设计");
        List<String> authorsJava = new ArrayList<String>();
        authorsJava.add("孙连英");
        authorsJava.add("刘畅");
        authorsJava.add("彭涛");
        bookJava.setAuthors(authorsJava);
        bookJava.setPress("清华大学出版社");
        bookJava.setIsbn("9787302489078");
        bookJava.setPrice(45.00);

        BookBean bookXml = new BookBean();
        bookXml.setTitle("Java 面向对象程序设计");
        List<String> authorsXml = new ArrayList<String>();
        authorsXml.add("彭涛");
        authorsXml.add("孙连英");
        bookXml.setAuthors(authorsXml);
        bookXml.setPress("清华大学出版社");
        bookXml.setIsbn("9787302284666");
        bookXml.setPrice(29.5);

        books.add(bookJava);
        books.add(bookXml);

        Gson gson = new Gson();
        String jsonString = gson.toJson(books);
        System.out.println(jsonString.replace("},{", "},\n{"));
    }
}
```

[例 7.5]　JsonParseUtil.java

```
import java.lang.reflect.Type;
import java.util.LinkedList;
import java.util.List;
import com.google.gson.Gson;
import com.google.gson.reflect.TypeToken;
public class JsonParseUtil {
    public static List<BookBean>
```

```
                       getBooksByJsonString(String jsonData) {
    Type listType = new TypeToken<LinkedList<BookBean>>(){}.
                                              getType();

    Gson gson = new Gson();
    LinkedList<BookBean> books = gson.fromJson
                                    (jsonData, listType);

    return books;

    }

}
```

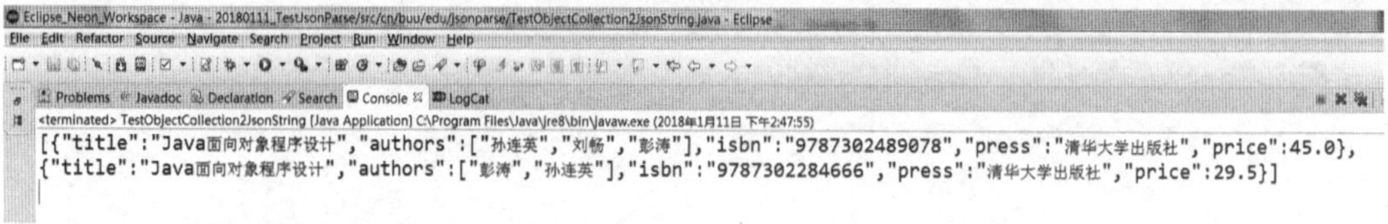

[{"title":"Java面向对象程序设计","authors":["孙连英","刘畅","彭涛"],"isbn":"9787302489078","press":"清华大学出版社","price":45.0},
{"title":"Java面向对象程序设计","authors":["彭涛","孙连英"],"isbn":"9787302284666","press":"清华大学出版社","price":29.5}]

图 7.3 把对象集合转换为 JSON 字符串

例 7.5 中的工具类 JsonParseUtil 调用了 Gson 库中的类 Gson 的 fromJson()方法,该方法的第一个参数是 JSON 形式的数据,第二个参数是从 JSON 数据中要读取的数据的类型信息,此处是实体类 BookBean 的 LinkedList 集合,因此该 JSON 数据中存储的是一种或多种的书籍信息,在例 7.6 的应用程序中使用变量 jsonData 存储了两种书籍的 JSON 数据,调用工具类 JsonParseUtil 进行解析后输出。

[例 7.6] TestParseJson.java

```
package cn.buu.edu.jsonparse;
import java.util.List;
public class TestParseJson {
    public static void main(String[] args) {
        String jsonData = "[{\"title\":\"Java 面向对象程序设计\",
                \"authors\":[\"孙连英\",\"刘畅\",\"彭涛\"],
                \"isbn\":\"9787302489078\",
                \"press\":\"清华大学出版社\",
                \"price\":\"45.0\"},"
                + " {\"title\":\"XML 技术与应用\",
                \"authors\":[\"彭涛\", \"孙连英\"],
                \"isbn\":\"9787302284666\",
                \"press\":\"清华大学出版社\",
                \"price\":\"29.5\"}]";
        List<BookBean> list = JsonParseUtil.
                              getBooksByJsonString(jsonData);
        for (int i = 0; i <= list.size() - 1; i++) {
            System.err.println("****************************");
            System.out.println(list.get(i));
```

```
        }
    }
```

例 7.6 的运行结果如图 7.4 所示。

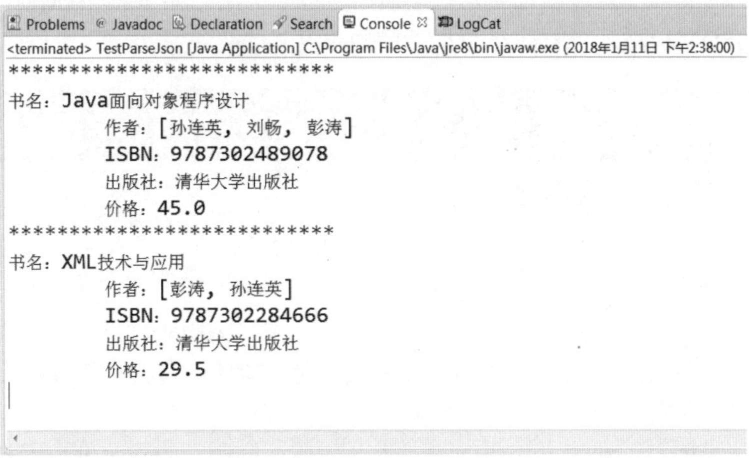

```
Problems  @ Javadoc  @ Declaration  Search  Console  LogCat
<terminated> TestParseJson [Java Application] C:\Program Files\Java\jre8\bin\javaw.exe (2018年1月11日 下午2:38:00)
****************************
书名：Java面向对象程序设计
        作者：[孙连英，刘畅，彭涛]
        ISBN: 9787302489078
        出版社：清华大学出版社
        价格：45.0
****************************
书名：XML技术与应用
        作者：[彭涛，孙连英]
        ISBN: 9787302284666
        出版社：清华大学出版社
        价格：29.5
```

图 7.4 把 JSON 字符串转换为对象集合

7.3 JSON 与 XML 的比较

如果只要表达一个数据结构，把一组数据作为一个整体进行存储或传输，那么这就是一个轻量级的应用，此时既可以使用 JSON，也可以使用 XML。相对于 JSON 而言，XML 可以算是重量级的数据格式。这主要体现在解析上。DOM 把一个 XML 整体解析成一个 DOM 对象，这一点和 JSON 把 JSON 文字解析成对象是相同的。而 SAX 则是一个事件驱动的解析方法，不需要把整个 XML 文档都解析完就可以对解析出的内容进行处理。每当解析出新的对象时，都会通知到事件处理器的相应代码进行处理，程序也可以随时中止解析。

如果在网络上传输数据流，那么在传输的过程中，已传输的部分就已经被处理了。这一点 JSON 是做不到的，至少目前的 JSON 程序组件并不支持这种解析方法，JSON 只提供整体解析的方案。

在普通的 Web 应用中，无论是服务器端生成或处理 XML，还是客户端使用 JavaScript 解析 XML，都常常导致比较复杂的代码。此外，在 JavaScript 语言中不仅会把来自 Web 表单的数据放到请求中，而且经常使用对象来表示数据。在这种情况下，从 JavaScript 对象中提取数据，然后再将数据放到名称-值的对或者 XML，就有些多此一举，此时就适合使用 JSON。JSON 为 Web 应用开发者提供了另外一种数据交换格式，允许将 JavaScript 对象转换为可以随请求发送的数据，同步或异步通信模式均可。但是，JSON 只提供了整体解析方案，而这种方法只在解析较少的数据时才能起到良好的效果。而 XML 则提供了对大规模数据的逐步解析方案，这种方案很适用于对较大数据量的处理。

在编码上，虽然 XML 和 JSON 都有各自的解析工具，但是 JSON 的解析要比 XML 稍微简单；与 XML 一样，JSON 也是基于文本的，且都使用 Unicode 编码，与数据交换格式 XML 一样具有可读性。主观上来看，JSON 更为清晰且冗余更少些。JSON 官方网站提供了对 JSON 语法的严格描述，只是描述较简短。从总体来看，XML 比较适合于标记文档，而 JSON 更适于进行较小数据量的数据交换。

7.4 JSON 的应用

在互联网时代，把网站的服务封装成一系列计算机易识别的数据接口开放出去，供第三方开发者使用，这种行为叫作 Open API，提供开放 API（应用程序编辑接口）的平台被称为开放平台。

淘宝开放平台（Taobao Open Platform）项目是淘宝(中国)软件有限公司面向第三方应用开发者，提供 API 和相关开发环境的开放平台。软件开发者可通过淘宝 API 来获取淘宝用户信息、淘宝商品信息、淘宝商品类目信息、淘宝店铺信息、淘宝交易明细信息、淘宝商品管理等信息，并建立相应的电子商务应用。同时，它将为开发者提供整套的淘宝 API 的附加服务：测试环境、技术咨询、产品上架、版本管理、收费策略、市场销售、产品评估等。

在上述 API 中，调用之后返回的数据主要有两种格式：XML 和 JSON。例如，在淘宝开放平台的商品 API 中，taobao.items.get 表示搜索商品信息的功能，该 API 根据传入的搜索条件，获取商品列表（类似于淘宝页面上的商品搜索功能，但是只有搜索到的商品列表，不包含商品的 ItemCategory 列表）。该 API 返回的 XML 数据格式如图 7.5 所示，返回的 JSON 数据格式如图 7.6 所示。可以看出，在开放平台的数据交换上，XML 和 JSON 起着十分重要的作用。

```
01  <?xml version="1.0" encoding="utf-8" ?>
02  <items_get_response>
03      <items list="true">
04          <item>
05              <iid>
06                  a77d89756c91413df8a8f0aab0785be1
07              </iid>
08              <nick>
09                  tbtest649
10              </nick>
11          </item>
12          <item>
13              <iid>
14                  cc0dcf2eb954598b6eee101959b9b32a
15              </iid>
16              <nick>
17                  czhendong001
18              </nick>
19          </item>
20          <item>
21              <iid>
22                  85e5e5320efb4b5b8de15cc251deb292
23              </iid>
24              <nick>
25                  tbtest81
26              </nick>
27          </item>
28      </items>
29      <total_results>
30          3
31      </total_results>
32  </items_get_response>
33  <!--vm127.sqa-->
```

图 7.5　搜索商品信息 API 返回的 XML 数据格式

```
01 | {
02 |     "items_get_response": {
03 |         "items": {
04 |             "item": [{
05 |                 "iid": "a77d89756c91413df8a8f0aab0785be1",
06 |                 "nick": "tbtest649"
07 |             },
08 |             {
09 |                 "iid": "cc0dcf2eb954598b6eee101959b9b32a",
10 |                 "nick": "czhendong001"
11 |             },
12 |             {
13 |                 "iid": "85e5e5320efb4b5b8de15cc251deb292",
14 |                 "nick": "tbtest81"
15 |             }]
16 |         },
17 |         "total_results": 3
18 |     }
19 | }
```

图 7.6　搜索商品信息 API 返回的 JSON 数据格式

习题 7

1. 简要说明 JSON 的语法特点。
2. 比较 JSON 和 XML，并说明在结构化数据存储和交换中二者的应用情况。
3. 设计并编写课程类，编写程序，完成课程对象（一个、多个）到 JSON 字符串的双向解析功能。

第8章

大数据与 NoSQL

当前已由 IT（Information Technology，信息技术）时代进入了 DT（Data Technology，数据技术）时代。由于大量的传感器、社交媒体、移动终端等设备/系统产生的海量数据，导致全世界每天都会产生过去一年甚至更长时间才会生成的海量数据。本章对工业界得到广泛使用的 Apache Hadoop 和 Spark 平台进行了阐述，同时对从关系数据库衍生出来的 NoSQL 技术进行了介绍。HBase 是 Hadoop 平台中的数据存储和数据访问组件，在 8.3 节进行了简要说明。之后介绍了一种流行的复合型文档数据库——MongDB。期望这些典型技术的介绍能够帮助读者管中窥豹，了解当今大数据时代中数据库技术的前沿技术和最新发展情况。

8.1 大数据概述

大数据（Big Data）或称海量数据，是指所涉及的资料量规模巨大到无法通过目前主流软件工具，在合理时间内达到采集、管理、处理并整理成为帮助企业经营决策更积极目的的信息。大数据有"4V"特点：规模性（Volume）、多样性（Variety）、高速性（Velocity）和价值性（Value），具体含义如下。[①]

- ❑ 规模性。大数据的特征首先就体现为"数量大"，存储单位从过去的 GB 到 TB，直至 PB、EB。随着信息技术的高速发展，数据开始爆发性增长。社交网络、移动网络、各种智能终端等，都成为数据的来源。因此迫切需要智能的算法、强大的数据处理平台和新的数据处理技术来统计、分析、预测和实时处理如此大规模的数据。

- ❑ 多样性。广泛的数据来源，决定了大数据形式的多样性。大数据大体可分为三类：一是结构化数据，如财务系统数据、信息管理系统数据、医疗系统数据等，其特点是数据间因果关系强；二是非结构化的数据，如视频、图片、音频等，其特点是数据间没有因果关系；三是半结构化数据，如 HTML 文档、邮件、网页等，其特点是数据间的因果关系弱。

- ❑ 高速性。与以往的档案、广播、报纸等传统数据载体不同，大数据的交换和传播是通过互联网、云计算等方式实现的，远比传统媒介的信息交换和传播速度快捷。大数据与海量数据的重要区别，除了大数据的数据规模更大以外，大数据对处理数据的响应速度有更严格的要求。实时分析而非批量分析，数据输入、处理与丢弃立刻见效，几乎无延迟。数据的增长速度和处理速度是大数据高速性的重要体现。

- ❑ 价值性。这也是大数据的核心特征。现实世界所产生的数据中，有价值的数据所占比例很小。相比于传统的小数据，大数据最大的价值在于通过从大量不相关的各种类型的数据中，挖掘出对未来趋势与模式预测分析有价值的数据，并通过机器学习方法、人工智能方法或数据挖掘方法深度分析，发现新规律和新知识，并运用于农业、金融、医疗等各个领域，从而最终达到改善社会治理、提高生产效率、推进科学研究的效果。

针对大数据的特点，本节将简单介绍目前处理大数据所用到的主流软件框架 Hadoop、Spark 等。

● 8.1.1 Hadoop

Hadoop 是一个能对大量数据进行分布式处理的软件框架，具有可靠、高效、可伸缩的特点。Hadoop 的核心是 HDFS 和 MapReduce，Hadoop 2.0 还包含 YARN。Hadoop 生

---

① 武峰. 大数据 4V 特征与六大发展趋势[EB/OL]. 中国发展门户网 http://cn.chinagate.cn/news/2015-11/16/content_37074270.htm,2015-11-16.

态系统的构成如图 8.1 所示。

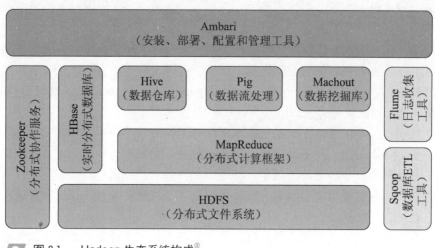

图 8.1　Hadoop 生态系统构成[②]

Hadoop 生态系统中主要包含 HDFS、MapReduce、HBase、Hive、Pig 和 Mahout。

HDFS 是 Hadoop 体系中数据存储管理的基础。它是一个高度容错的系统，能监测和应对硬件故障，用于在低成本的通用硬件上运行。HDFS 简化了文件的一致性模型，通过流式数据访问，提供高吞吐量应用程序数据访问功能，适合带有大型数据集的应用程序。

MapReduce 是一种计算模型，用于进行大量数据的计算。其中，Map 对大量数据集上的独立元素进行操作，生成键值对形式的中间结果。Reduce 则对中间结果相同"键"的所有"值"进行规约，以得到最终结果。MapReduce 这样的功能划分，非常适合在大量计算机组成的分布式并行环境里进行数据处理。

HBase 是一个构建在 HDFS 上的分布式列存储系统。HBase 是基于 Google BigTable 模型开发的典型的 Key/Value 系统；HBase 是 Apache Hadoop 生态系统中的重要一员，主要用于海量结构化数据存储；从逻辑上讲，HBase 将数据按照表、行和列进行存储。HBase 目标主要依靠横向扩展，通过不断增加廉价的商用服务器，来增加计算和存储能力。

Hive 是建立在 Hadoop 上的数据仓库基础构架。它提供了一系列的工具，可以用来进行数据提取转换加载（ETL），这是一种可以存储、查询和分析存储在 Hadoop 中的大规模数据的机制。Hive 定义了简单的类 SQL 查询语言，称为 HQL，它允许熟悉 SQL 的用户查询数据。同时，这个语言也允许熟悉 MapReduce 的开发者开发自定义的 mapper 和 reducer 来处理内建的 mapper 和 reducer 无法完成的复杂的分析工作。

Pig 包括两部分：用于描述数据流的语言，称为 Pig Latin；用于执行 Pig Latin 程序的执行环境，当前有两个环境——单 JVM 中的本地执行环境和 Hadoop 集群上的分布式执行环境。Pig 内部，每个操作或变换是对输入进行数据处理，然后产生输出结果，这

②　沐芷静. Hadoop 生态系统[EB/OL]. CSDN-专业技术社区 https://blog.csdn.net/u010270403/article /details/51493191.

些变换操作被转换成一系列 MapReduce 作业，Pig 让程序员不需要知道这些转换具体是如何进行的，这样工程师可以将精力集中在数据上，而非执行的细节上。

Mahout 是一个很强大的数据挖掘工具，是一个分布式机器学习算法的集合，包括：被称为 Taste 的分布式协同过滤的实现、分类、聚类等。Mahout 最大的优点就是基于 Hadoop 实现，把很多以前运行于单机上的算法，转换为 MapReduce 模式，这样大大提升了算法可处理的数据量和处理性能。

8.1.2 Spark

在 Spark 面市之前，各种计算框架纷繁复杂，如用于做批处理的计算框架 MapReduce、Hive 和 Pig，用于做流式计算的 Storm，用于做计算的 Impala，且很多框架还存在局限性，例如，MapReduce 仅支持 Map 和 Reduce 两种操作，计算效率低，不适合交互处理以及流式处理，并且编程不够灵活等（见表 8.1）。所以 Spark 是考虑了当时现有的计算框架的局限性、复杂性而设计的一个统一的编程抽象，可以处理不同的计算任务，易于编程，处理大数据的新的开源计算框架。

表 8.1   Spark 与 MapReduce 的比较

Spark	MapReduce
数据存储结构：使用内存构建弹性分布式数据集 RDD，对数据进行计算和 cache	磁盘 HDFS 文件系统的 split 分块
编程模式：Transformation + action	编程模式：Map + Reduce
计算中间数据在内存中维护，存取速度是磁盘的多个数量级	计算中间数据落磁盘，IO 及序列化、反序列化代价大
任务以线程的方式维护，对小数据集的读取能达到亚秒级的延迟	任务以进程的方式维护，任务启动就有数秒

Spark 的计算速度比 Hadoop 的 MapReduce 在内存中的速度快 10 倍，硬盘中的速度快将近 100 倍，支持语言包括 Java、Scala、R 和 Python 等。Spark 框架中有很多工具，例如，Spark SQL、用于机器学习的 MLlib、用于图计算的 GraphX，以及用于处理流式计算的 Spark Streaming。用户可以将以上这些工具全部集成到已有的应用系统中（如图 8.2 所示）。

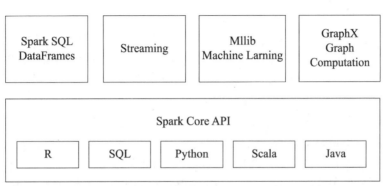

图 8.2   Spark 生态系统

Spark 可以运行在非常多的平台上，如 Hadoop、Mesos、standalone 或者集群，它可以访问各种不同的存储系统中的数据，如 HDFS、HBase、Cassandra 以及任何的 Hadoop 数据资源。

8.2 NoSQL 数据库

NoSQL 是非关系型的数据库。随着互联网 Web 2.0 网站的兴起，传统的关系数据库在应对 Web 2.0 网站，特别是超大规模和高并发的社交网络服务（Social Network Service，SNS）类型的纯动态网站时已经显得力不从心，暴露了很多难以克服的问题。而非关系型的数据库则由于其本身的特点得到了非常迅速的发展。NoSQL (NoSQL = Not Only SQL)即"不仅是 SQL"，是一项全新的数据库革命性运动。早期就有人提出，发展至 2009 年趋势越发高涨。NoSQL 的拥护者们提倡运用非关系型的数据存储，相对于铺天盖地的关系型数据库运用，这一概念无疑是一种全新的思维的注入。

计算机体系结构在数据存储方面要求具备庞大的水平扩展性，而 NoSQL 致力于改变这一现状。Google 的 BigTable 和 Amazon 的 Dynamo 使用的就是 NoSQL 型数据库，它们可以处理超大量的数据。

NoSQL 可以运行在 PC 服务器集群上，处理超大量的数据。PC 集群扩充起来非常方便并且成本很低，这样就避免了"sharding"操作的复杂性和成本。通过 NoSQL 架构可以省去将 Web 或 Java 应用和数据转换成 SQL 格式的时间，执行速度变得更快。NoSQL 在数据完整性上也发挥稳定。

与传统的关系型数据库不同，NoSQL 数据库的种类很多，且各有各的优势和缺点，可以大体上分为 4 个种类：键值（Key-Value）存储数据库、列存储数据库、文档型数据库、图形（Graph）数据库。

1. 键值存储数据库

键值（Key-Value）存储数据库主要使用了哈希表，这张表中有一个特定的键和一个指针指向特定的数据。Key-Value 模型对于 IT 系统来说，其优势在于简单、易部署。但是如果 DBA 只对部分值进行查询或更新的时候，Key-Value 就显得效率低下了。

2. 列存储数据库

这部分数据库通常是用来应对分布式存储的海量数据。键仍然存在，但是它们的特点是指向了多个列。这些列是由列家族来安排的，如 Cassandra、HBase、Riak 等。

3. 文档型数据库

文档型数据库的灵感来自 Lotus Notes 办公软件，而且它同第一种键值存储相类似。该类型的数据模型是版本化的文档，半结构化的文档以特定的格式存储，比如 JSON。文档型数据库可以看作键值数据库的升级版，允许之间嵌套键值。而且文档型数据库比键值数据库的查询效率更高，如 CouchDB、MongoDB。国内也有文档型数据库 SequoiaDB，目前已经开源。

4. 图形数据库

图形数据库是使用灵活的图形模型，并且能够扩展到多个服务器上。NoSQL 数据库没有标准的查询语言（SQL），因此进行数据库查询需要制定数据模型。许多 NoSQL 图形数据库都有 REST 式的数据接口或者查询 API，如 Neo4J、InfoGrid、Infinite Graph 等。

NoSQL 型数据库的优势有以下几点。

1. 易扩展

NoSQL 数据库种类繁多，但是一个共同的特点都是去掉关系数据库的关系型特性。数据之间无关系，这样就非常容易扩展，因此在架构的层面上也带来了可扩展的能力。

2. 大数据量，高性能

NoSQL 数据库都具有非常高的读写性能，尤其在大数据量下，同样表现优秀。这得益于它的无关系性，数据库的结构简单。一般 MySQL 使用 Query Cache，每次表的更新 Cache 就失效，是一种大粒度的 Cache。在针对 Web 2.0 的交互频繁的应用时，Cache 性能不高。而 NoSQL 的 Cache 是记录级的，是一种细粒度的 Cache，所以 NoSQL 在这个层面上来说就要性能高很多。

3. 灵活的数据模型

NoSQL 无须事先为要存储的数据建立字段，随时可以存储自定义的数据格式。而在关系数据库里，增删字段是一件非常麻烦的事情。如果是非常大数据量的表，增加字段简直就是一个噩梦。这点在大数据量的 Web 2.0 时代尤其明显。

4. 高可用

NoSQL 在不太影响性能的情况下，就可以方便地实现高可用的架构。比如 Cassandra、HBase 模型，通过复制模型也能实现高可用。

NoSQL 型数据库处于发展阶段，存在的问题主要是：NoSQL 型数据库并未形成一定标准，各种产品层出不穷，内部混乱，各种项目还需时间来检验。

总之，NoSQL 数据库在这些情况下比较适用：数据模型比较简单；需要灵活性更强的 IT 系统；对数据库性能要求较高；不需要高度的数据一致性等情形。

8.3 HBase 数据库

2006 年 11 月，Google 发布一篇关于 BigTable 的论文，以此为基本原理，2008 年第一个不稳定版本的名为 HBase 的分布式、面向列的开源数据库面市。HBase 是 Hadoop 的高可靠性、高性能、面向列、可伸缩的数据库。HDFS、MapReduce、Zookeeper 分别为其提供了可靠底层存储支持，高性能计算能力，稳定的服务和 failover 机制。

HRegionServer 是 HBase 的核心，通过 RPC 协议与 HMaster 和客户端进行通信，响应用户的 I/O 请求，并向 HDFS 读写数据。如图 8.3 所示，HRegionServer 内部管理了一系列 HRegion 对象，每个 HRegion 对应表中的一个区。HRegion 中又是由多个 HStore 组成，每个 HStore 对应表中的一个列簇的存储。

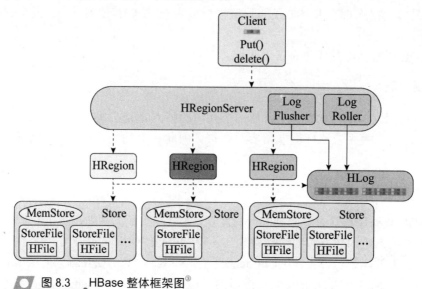

图 8.3　HBase 整体框架图[③]

HStore 则是 HBase 的存储核心，其由两部分组成，一部分是 MemStore，另一部分是 StoreFiles。用户写入的数据会先放入 MemStore，当 MemStore 存满之后会生成一个 StoreFile。当 StoreFile 文件的总数达到一定数值的时候，Compact 合并操作会被触发，此时会将多个 StoreFiles 合并成一个 StoreFile。在这个合并的过程中版本会合并并且冗余数据也会被删除。由此也可以发现，HBase 其实只是在不断增加新的数据，在 Compact 环节中进行了所有的更新数据和删除数据。

8.3.1　HBase 的数据逻辑结构

HBase 的数据逻辑结构主要包含行键（Rowkey）、列（Column）、时间戳（Timestamp，也称为版本 version）和 Cell。其中，Cell 由行键、列簇和时间戳唯一确定，无数据类型并且全部是字节码形式；列可以由 family 和 qualifier 两部分组成。

如图 8.4 所示，如果想确定到 "CNN.com" 所在的 Cell，则由行键 "com.cnn.www"、列簇 "anchor:my.look.ca" 和时间戳 "t8" 唯一确定。其中，"anchor" 是 family 名，"my.look.ca" 为 qualifier 名。

③　George L. HBase - The Definitive Guide: Random Access to Your Planet-Size Data.[M]. DBLP, 2011.

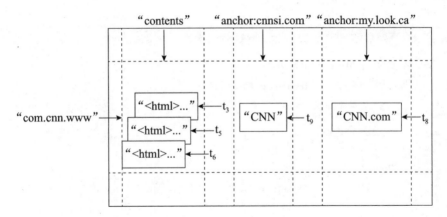

图 8.4　HBase 数据逻辑结构[4]

8.3.2　HBase 安装部署

在安装部署 HBase 之前，必须先确保 Hadoop 已经安装完成，并且要求 Hadoop 已经可以正常运行。HBase 不仅需要部署在 Master 节点上，也需要安装在所有的 Slave 节点上。

在 Apache 官网（http://www.apache.org/dyn/closer.cgi/hbase/）可以免费下载到各种版本的 HBase。根据所使用的 Hadoop 版本，请下载对应版本的 HBase，以免发生版本冲突。

（1）在 Master 节点完成以下操作。

①使用以下命令，解压 HBase 安装包。

```
[buu@master ~]$ mv ~/download/hbase-1.1.12-bin.tar.gz  ~/
[buu@master ~]$ cd
[buu@master ~]$ tar -zxvf ~/hbase-1.1.12-bin.tar.gz
[buu@master ~]$ cd hbase-1.1.12
```

②配置 HBase，进入 HBase 安装主目录，然后修改配置文件。

```
[buu@master ~]$ cd /home/buu/hbase-1.1.12/conf
```

③修改环境变量 hbase-env.sh。

使用以下命令打开文件：

```
[buu@master conf]$ gedit hbase-env.sh
```

在此文件中找到以下内容：

```
# export JAVA_HOME=/usr/java/jdk1.6.0/
```

将其更改为所用的 JDK 版本的路径，并去掉#号。本例中 JDK 版本为 1.7.0_71，存放在/usr/java/jdk1.7.0_71/，所以更改为：

---

④　Chang Fay, Dean Jeffrey, Ghemawat Sanjay,etc. Bigtable: A Distributed Storage System for Structured Data.2006.

```
export JAVA_HOME=/usr/java/jdk1.7.0_71/
```

④修改环境变量 hbase-site.xml。

使用以下内容替换原先 hbase-site.xml 中的内容。

```xml
<?xml version="1.0"?>
<?xml-stylesheet type="text/xsl" href="configuration.xsl"?>
<configuration>
    <property>
        <name>hbase.cluster.distributed</name>
<value>true</value>
    </property>
    <property>
        <name>hbase.rootdir</name>
        <value>hdfs://master:9000/hbase</value>
    </property>
    <property>
        <name>hbase.zookeeper.quorum</name>
        <value>master</value>
    </property>
</configuration>
```

⑤设置 regionservers。

将 regionservers 中的 localhost 修改为 Hadoop 集群中的 Slave 的节点名列表。

⑥设置环境变量。

编辑 Linux 系统的配置文件，执行以下代码。

```
[buu@master ~]$ gedit ~/.bash_profile
```

将下面的代码添加到文件末尾。

```
export HBASE_HOME=/home/buu/hbase-1.1.12
export PATH=$HBASE_HOME/bin:$PATH
export HADOOP_CLASSPATH=$HBASE_HOME/lib/*
```

然后执行：

```
[buu@master ~]$ source ~/.bash_profile
```

（2）将 HBase 安装文件复制到 Hadoop 的所有 Slave 节点，如果只设置了一个 Slave 节点，节点名称为 slave，此时执行：

```
[buu@master ~]$ scp -r ~/hbase-1.1.12 slave:~/
```

（3）启动并验证 Hbase。

进入 HBase 安装主目录，启动 Hbase。

```
[buu@master ~]$ cd /home/buu/hbase-1.1.12
```

```
[buu@master hbase-1.1.12]$ bin/start-hbase.sh
```

使用 UI 界面查看 HBase 的启动情况，在浏览器地址栏中输入网址 http://master:
60010，若启动成功便可看到 HBase 管理页面（如图 8.5 所示），若失败则会返回页面不
存在。

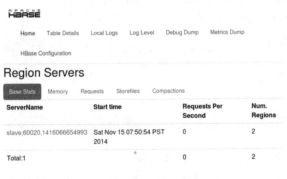

图 8.5　HBase 启动情况管理界面

8.3.3　HBase Shell 操作命令实验

根据 Apache 官网 HBase 主页的技术文档，下面简介 HBase Shell 的操作命令[⑤]。
首先验证 Hadoop 和 HBase 集群可以正常启动及运行。

1. 进入客户端并启动 HBase Shell

```
[buu@master ~]$ cd /home/buu/hbase-1.1.12
[buu@master hbase-1.1.12]$ bin/hbase shell
```

2. 表的管理

（1）查看列表。
查看表的命令是：list。

```
hbase(main):001:0> list
```

（2）创建表。
创建表的命令是：

```
create <table>, {NAME =><family>, VERSIONS =><VERSIONS>}
```

例如，创建表 test，column family 为 f1，时间戳（版本）为 5。

```
hbase(main):002:0> create 'test', {NAME => 'f1', VERSIONS => 5}
```

---

⑤　Apache Hase.http://hbase.apache.org/.

（3）插入数据。

插入数据的命令是：

```
put <table>,<rowkey>,<family:column>,<value>,<timestamp>
```

向表中插入数据只能一列一列地插入，不能同时添加多列。

例如，向表 test 中 aid001 行键、f1:uid 中插入值 001。

```
hbase(main):001:0> put 'test', 'aid001', 'f1:uid', '001'
```

（4）扫描查询数据。

扫描查询的命令是：

```
scan <table>, {COLUMNS => [ <family:column>,.... ], LIMIT => num}
```

例如，扫描表 test：

```
hbase(main):001:0> scan 'test'
```

（5）单条查询数据。

单条查询命令是：

```
get<table>,<rowkey>,[<family:column>,....]
```

例如，查询表 test 行键为 aid001 的数据信息：

```
hbase(main):002:0> get 'test','aid001'
```

（6）查看表结构。

查看表结构的命令是：describe <table>。

例如，查看表 test 的结构：

```
hbase(main):003:0> describe 'test'
```

（7）修改表。

修改表时，一般先执行 disable 命令；然后执行 alter 命令；再执行 enable 命令。

例如，为表 test 改变或增加一个列簇：

```
hbase(main):004:0> disable 'test'
hbase(main):004:0> alter 'test', NAME => 'f1', VERSIONS => 3
hbase(main):004:0> enable 'test
```

（8）清空表。

清空表的命令是：truncate <table>。

```
hbase(main):004:0> truncate 'test'
```

（9）删除表。

删除表时，首先执行 disable 命令，然后再执行 drop 命令。

```
语法：drop <table>
hbase(main):004:0> disable 'test'
hbase(main):004:0> drop 'test'
```

8.4　MongoDB

　　MongoDB（来自英文单词"Humongous"，中文含义为"庞大"）是可以应用于各种规模的企业、各个行业以及各类应用程序的开源面向文档（Docment-Oriented）数据库。[⑥]作为一个适用于敏捷开发的数据库，MongoDB 的数据模式可以随着应用程序的发展而灵活地更新。与此同时，它也为开发人员提供了传统数据库的功能，例如，二级索引，完整的查询系统以及严格的一致性等。MongoDB 能够使企业更加具有敏捷性和可扩展性，各种规模的企业都可以使用 MongoDB 来创建新的应用，提高与客户之间的工作效率。

　　MongoDB 是专为可扩展性、高性能和高可用性而设计的数据库。它可以从单服务器部署扩展到大型、复杂的多数据中心架构。利用内存计算的优势，MongoDB 能够提供高性能的数据读写操作。MongoDB 的本地复制和自动故障转移功能使应用程序具有企业级的可靠性和操作灵活性。

8.4.1　MongoDB 的特点

　　MongoDB 作为一个典型的文档型数据库，主要有下列特点。

❑ 高性能：MongoDB 提供了高性能的数据操作；支持嵌入式数据模型从而减少数据库系统的 IO 操作；支持对嵌入式文档和数组建立索引，从而提供高性能查询操作。

❑ 丰富的查询语言：MongoDB 支持丰富的读写操作（CRUD），包括数据聚集，文本检索和地图搜索；查询指令使用 JSON 形式的标记，可轻易查询文档中内嵌的对象及数组。

❑ 高可用性：MongoDB 的复制集实现了数据库的冗余备份和自动故障转移。

❑ 支持大数据存储：MongoDB 引入了分片机制，实现了海量数据的分布式存储与高效的读写分离；提供由 JavaScript 编写的 Map 和 Reduce 函数，并且可以通过 db.runCommand 或 mapreduce 命令来执行 MapReduce 操作。

❑ 支持多存储引擎：MongoDB 支持多个存储引擎，例如，WiredTiger Storage Engine、MMAPv1 Storage Engine。

❑ 支持各种编程语言：Ruby、Python、Java、C++、PHP、C#等。

8.4.2　MongoDB 的核心概念

　　MongoDB 非常强大且容易使用，其中主要涉及的核心概念有：文档、集合和数据库。

---

⑥　博为峰. Mongodb 概述（四）. CSDN-专业技术社区，https://blog.csdn.net/bwf_erg/article/details/54954768.

1. 文档

MongoDB 中的基本存储单元是一个文档，这个文档由键值对组成。MongoDB 中的文档结构类似于 JSON 对象。其中，值的数据类型包括常见的字符串、数字、日期，还包括其他文档、数组和文档数组（如例 8.1 所示）。

[例 8.1]　MongoDB 文档

```
{
    name: "peter",
    age: 26,
    status: "A",
    groups: ["news", "sports"]
}
```

使用文档作为基本存储单元的优势在于：嵌入式文档和数组能够减少代价昂贵的 join 操作。表结构支持动态扩展。

2. 集合

集合就是一组文档。如果将 MongoDB 中的一个文档比喻为关系型数据库的一行，那么一个集合就相当于一张表。集合是动态模式的，也就意味着集合里的文档可以是各种形式的。比如下面的两个文档可以同时存入到一个集合中。

```
{name:"mongodb", age:20}
{name:"mongodbnew", sex:"male", age=21}
```

当第一个文档插入时，集合就会被创建；然后第二个文档插入时，直接插入到已经创建的文档中。

3. 数据库

在 MongoDB 中，多个文档组成集合，多个集合组成数据库。一个 MongoDB 实例可以承载多个数据库，每个数据库拥有 0 个或多个集合。每个数据库都有独立的权限，即便是在磁盘上，不同的数据库也放置在不同的文件中。

8.4.3　安装 MongoDB

首先，可以在 MongoDB 官网下载相应的安装包（如图 8.6 所示），下载地址：https://www.mongodb.com/download-center#community。

可以根据操作系统的类型，选择对应的版本并下载。本书以 Windows 版本为例。下载后双击该文件，按操作提示安装即可。安装过程中，可以通过单击"Custom（自定义）"按钮来设置安装目录。

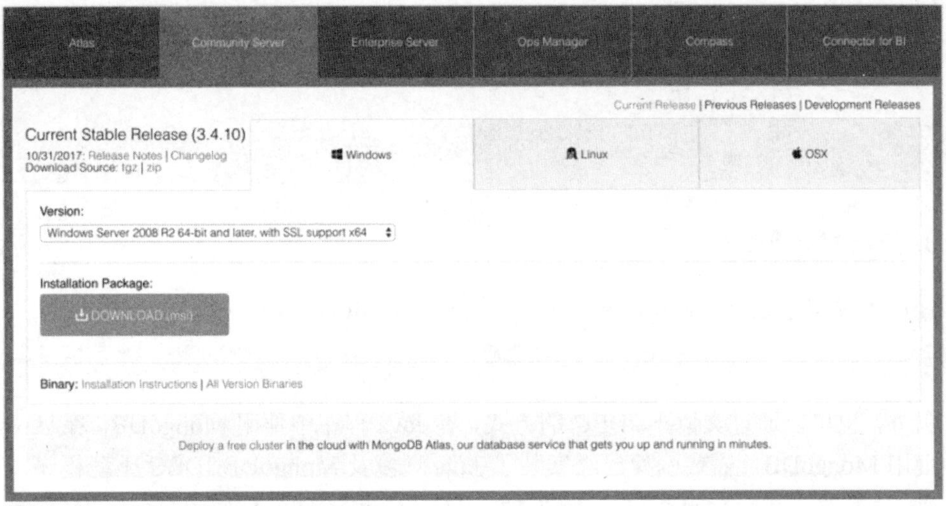

图 8.6　MongoDB 安装包选择界面

1. 创建数据目录

MongoDB 将数据目录存储在 db 目录下。但是这个数据目录不会主动创建，在安装完成后需要创建它。请注意，数据目录应该放在根目录下（如 C:\ 或者 D:\ 等）。可以通过 Windows 资源管理器，在对应的路径下创建目录。

2. 运行 MongoDB 服务器

为了从命令提示符下运行 MongoDB 服务器，必须从 MongoDB 目录的 bin 目录中执行 mongod.exe 文件。命令如下。

```
C:\mongodb\bin\mongod --dbpath c:\data\db
```

如果执行成功，会输出如下提示信息。

```
2017-09-25T15:54:09.212+0800 I CONTROL  Hotfix KB2731284 or later update
is not
  installed, will zero-out data files
2017-09-25T15:54:09.229+0800  I  JOURNAL      [initandlisten] journal
dir=c:\data\db\j
  ournal
2017-09-25T15:54:09.237+0800  I  JOURNAL  [initandlisten] recover : no
journal fil
  es present, no recovery needed
2017-09-25T15:54:09.290+0800  I  JOURNAL  [durability] Durability thread
started
2017-09-25T15:54:09.294+0800 I CONTROL  [initandlisten] MongoDB starting :
pid=2
  488 port=27017 dbpath=c:\data\db 64-bit host=WIN-1VONBJOCE88
```

```
2017-09-25T15:54:09.296+0800  I CONTROL    [initandlisten] targetMinOS:
Windows 7/W
indows Server 2008 R2
2015-09-25T15:54:09.298+0800 I CONTROL  [initandlisten] db version v3.0.6
…
```

3. 连接 MongoDB

在命令窗口中运行 mongo.exe 命令即可连接上 MongoDB，执行如下命令。

```
C:\mongodb\bin\mongo.exe
```

另外，也可以通过类似于 JDBC 的方式，在 Java 程序中使用 MongoDB。在 Java 程序中使用 MongoDB，需要确保已经安装了 Java 环境及 MongoDB JDBC 驱动程序。

首先，需要下载 mongo jar 包，下载地址: http://mongodb.github.io/ mongo-java-driver/，请确保下载最新版本，如图 8.7 所示。

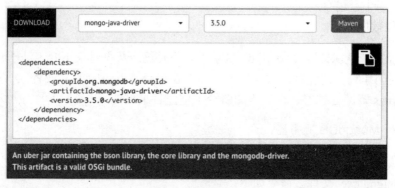

图 8.7 MongoDB JDBC 驱动下载

然后，需要将 mongo-java-driver.jar（找到合适的版本）包含在 classpath 中。最后，连接数据库时需要指定数据库名称，如果指定的数据库不存在，Mongo 会自动创建数据库。连接数据库的 Java 代码如例 8.2 所示。

[例 8.2] Java 程序中连接 MongDB

```
import com.mongodb.MongoClient;
import com.mongodb.client.MongoDatabase;
public class MongoDBJDBC{
    public static void main(String args[]){
        try{
            // 连接到 mongodb 服务
            MongoClient mongoClient = new MongoClient
                                       ( "localhost" , 27017 );
            // 连接到数据库
            MongoDatabase mongoDatabase = mongoClient.
                            getDatabase("mycol");
```

```
            System.out.println("Connect to database
                              successfully");
        }catch(Exception e){
            System.err.println(e.getClass().getName()
                              + ": " + e.getMessage() );
        }
    }
}
```

8.4.4 MongoDB 的数据操作

1. 数据库创建

MongoDB 创建数据库的语法格式如下。

```
use DATABASE_NAME
```

例如，要创建一个 info 数据库，则命令如下。

```
use info
```

2. 插入文档

在创建了 info 数据库后，可以向该数据库中的 person 集合中插入一个文档，文档内容如下。

```
{name:"mongodb",age:12}
```

实现该操作，执行如下命令。

```
db.person.insert({name:"mongodb",age:12})
```

其中，person 为集合名，如果该数据库没有该集合，将自动创建该集合并插入文档。

3. 删除文档

MongoDB 删除文档的语法格式如下。

```
db.collection.remove(
    <query>,
    {
        justOne: <boolean>,
        writeConcern: <document>
    }
)
```

其中，<query>部分是删除文档的条件，justOne 参数接收一个 boolean 值，也就是 true

（0）或 false（1）；如果设置为 true，则只删除一个文档，可不选。writeConcern 表示抛出异常的级别，可不选。

在上述 info 数据库中，如果删除插入的{name:"mongodb",age:12}文档，则命令如下。

```
db.person.remove({name:"mongodb"})
```

如果需要清空 person 集合中的所有文档，命令如下。

```
db.person.remove({})
```

4. 修改文档

修改文档的语法格式如下。

```
db.collection.update(
    <query>,
    <update>,
    {
        upsert: <boolean>,
        multi: <boolean>,
        writeConcern: <document>
    }
)
```

其中，<query>部分是修改文档的条件；<update>部分表示 update 的对象和一些更新的操作符（如$,$inc…）等；upsert 可选，这个参数的意思是，如果不存在 update 的记录是否插入 objNew，true 为插入，默认是 false，不插入。multi，可选，MongoDB 默认是false，只更新找到的第一条记录，如果这个参数为 true，就把按条件查出来的多条记录全部更新；writeConcern 可选，抛出异常的级别。

在上述 info 数据库中，如果更新 name 为 MongoDB 的文档时，更新命令如下。

```
db.col.update({name:'mongodb '},{$set:{name:'MongoDB'}})
```

5. 查询文档

在上述 info 数据库中，如果想查询 name='mongodb'的文档，命令如下。

```
db.userdetails.find({name='mongodb'})
```

习题 8

1. 大数据的特点是什么？
2. 请简述 Hadoop 的构成。
3. 请简要说明 Spark 的特点。
4. 请说明 NoSQL 数据库的特点和类型。
5. 请说明 MongoDB 的主要特点及典型应用。

参考文献

[1] 孙连英，刘畅，彭涛. Java 面向对象程序设计[M]. 北京：清华大学出版社，2017.

[2] 孙连英，刘畅，彭涛. 面向对象程序设计实例教程[M]. 北京：清华大学出版社，2014.

[3] 彭涛，孙连英. XML 技术与应用[M]. 北京：清华大学出版社，2012.

[4] 景雪琴. 数据库技术与应用系统开发[M]. 北京：清华大学出版社，2013.

[5] John Goodson，Robert A Steward. 数据访问宝典:实现最优性能及可伸缩性的数据库应用程序[M]. 王德才，译. 北京：清华大学出版社，2010.

[6] Mark Richards.Software Architecture Patterns[M]. Sebastopol:O'Reilly Media，2015.

[7] Pramod J Sadalage，Martin Fowler. NoSQL 精粹[M]. 爱飞翔，译. 北京：机械工业出版社，2013.

[8] Kristina Chodorow. MongoDB 权威指南[M]. 2 版. 邓强，王明辉，译. 北京：人民邮电出版社，2014.

[9] 周丽娟，张树东. 数据库开发实践案例[M]. 北京：电子工业出版社，2013.

[10] 李兴华. Java 开发实战经典[M]. 北京：清华大学出版社，2009.

[11] Christian Bauer，Gavin King，Gary Gregory. Hibernate 实战[M]. 2 版. 蒲成，译.北京：清华大学出版社，2016.

[12] Elliott. 精通 Hibernate[M]. 刘平利，译. 北京：机械工业出版社，2009.

[13] Craig Walls. Spring 实战[M]. 4 版. 北京：人民邮电出版社，2016.

[14] Martin Fowler. 企业应用架构模式[M]. 王怀民，周斌，译. 北京：机械工业出版社，2010.

[15] Martin Fowler. 重构：改善既有代码的设计[M]. 熊节，译. 北京：人民邮电出版社，2015.

[16] 朝乐门. 数据科学[M]. 北京：清华大学出版社，2016.

[17] 朝乐门. 数据科学：理论与实践[M]. 北京：清华大学出版社，2017.

[18] 王珊，萨师煊. 数据库系统概论[M]. 5 版. 北京：高等教育出版社，2016.